U0348477

Jiemi Qixiang

揭秘气象

姜永育　编著

图书在版编目(CIP)数据

揭秘气象/姜永育编著. —北京:气象出版社,2015.10

ISBN 978-7-5029-6264-7

Ⅰ.①揭… Ⅱ.①姜… Ⅲ.①气象学—普及读物 Ⅳ.①P4-49

中国版本图书馆 CIP 数据核字(2015)第 237541 号

Jiemi Qixiang

揭秘气象

姜永育 编著

出版发行:气象出版社
地　　址:北京市海淀区中关村南大街 46 号　　**邮政编码**:100081
总 编 室:010-68407112　　**发 行 部**:010-68409198
网　　址:www. qxcbs. com　　**E-mail**: qxcbs@ cma. gov. cn
责任编辑:胡育峰　颜娇珑　　**终　　审**:邵俊年
封面设计:符　赋　　**责任技编**:赵相宁
印　　刷:北京京科印刷有限公司
开　　本:710 mm×1000 mm　1/16　　**印　　张**:10. 25
字　　数:142 千字
版　　次:2015 年 10 月第 1 版　　**印　　次**:2015 年 10 月第 1 次印刷
定　　价:19. 8 元

目　录

云波魅影

罕见马头云

天空中的云多姿多彩，变化万千，除了平时常见的云外，还有一些难得一见的怪云，它们只在特定的地方出现，而且转瞬即逝，给人一种神秘和奇异之感。

现在，让我们先去看看一种“长”得像马头的罕见怪云。

怪云像马儿奔腾

2011 年 12 月 16 日下午，美国亚拉巴马州的伯明翰市天空阴沉，布满了较低的层积云。它们像一根根长圆木排列在空中，给人一种压抑的感觉；云层较薄的地方，太阳探头探脑，把一小部分天空染成了黄橙色。

如同往日一样，大街上人来车往，热闹非凡。伯明翰市是美国亚拉巴马州最大的工业城市，也是美国东南部经济、贸易、金融和文化教育的中心，这

座城市历来十分繁荣，不管天气如何，都无法阻挡人们为工作和生活奔忙的脚步，其中，包括了一名叫露易丝的中年妇女。

露易丝是一名公司文员，这天下午，她请了假，开车带五岁的小女儿去医院打预防针。在一个红灯路口，她停下车等待，并漫不经心地把目光投向远处——这一看，露易丝惊讶地张大了嘴巴。

“上帝啊，那是什么云？”她的双眼紧紧盯着前方。只见在前方的地平线上，凭空涌起一长溜形状怪异的云，远远看去，仿佛鳄鱼尾巴上方的铠甲，又好似海浪在空中翻滚。但仔细观看，就会发现那一个个耸立的云块像一匹匹奔腾的骏马，有的马头高扬，似乎正在快速奔跑；有的低头下看，似乎正在用脚挠痒；还有的回首眺望，似乎正在呼唤同伴……在天边黄橙色的层积云背景映衬下，这些“马儿”活灵活现，呼之欲出。

“这些云真是太奇怪了！”露易丝赶紧掏出手机，从车里伸出脑袋，对着前方天空拍起照来。几乎与此同时，街道上的行人也发现了怪云，大家一起把目光投向天空，用手机拍下这些罕见的云儿。

然而，“马儿”很快便消失不见了：在高空风的吹拂下，一个个“马头”被不停拉长、变细，变成了长颈恐龙的模样；紧接着，长颈恐龙的“脖子”从中间折断，它们的身子也逐渐模糊，最后完全消失不见了。

前后仅仅一分多钟，怪云便消逝得无影无踪，令当地人感到十分惊奇。

怪云形成之谜

怪云的出现意味着什么？它会不会预兆某些灾难来临呢？伯明翰市民对此议论纷纷，有人说可能暴风雨将要来临，有人说这是龙卷风出现的先兆，甚至有人说怪云和地震有关，说不定当地会发生大地震。

怀着忐忑不安的心情，当地居民将拍摄的怪云照片发给了当地气象站，气象站工作人员在多年的观测实践中，也没碰到过这种云。最后，还是一个观云协会识破了这种云的“庐山真面目”。观云协会的成员们收集了世界各地出现过的怪云，经过一番对比，大家认为这种像马头一样的云其实是一种卷云。

卷云是高云族的一种，它是对流层中最高的云，这种云很薄很纤细，能反射和诱捕热量，因此早晨太阳还没有升到地平线上或傍晚太阳下山后，太阳光都会照到这种孤悬高空而无云影的卷云上，经过散射后，呈现出漂亮的蚕丝般光泽。可是，外形美丽的卷云怎么会变成这种怪异的形状呢？

有两位科学家最早对这种现象进行了解释，他们就是苏格兰男爵开尔文和德国物理学家赫尔曼—亥姆霍兹。他们认为卷云之所以“变异”，是因为卷云内部出现了不同的气流：它的上方是较暖的气流，而下方是较冷的气流，暖气流移动的速度快，而冷气流则移动相对较慢，因此，“跑”得快的暖气流就会将上部的云往前“扯”，从而出现了怪异的“马头云”。

“马头云”是一种十分罕见的卷云，由于冷暖气流时刻都在变化，它持续的时间很短，一般 1 ~ 2 分钟后就会消失，所以，能亲眼看到“马头云”的人可以说十分幸运。

神奇管状云

天上的云都是成片或成层出现，然而，有一种云却彻底颠覆了人们对云的认识：它像一根长长的管道，最长可延伸近千米，看上去既壮观又神奇。

这种云被人们称为管状云，它还有一个优雅的名字：晨暮之光。

长管云震惊摄影师

2010年4月的一天清晨，一架小型飞机穿越云层，直向澳大利亚昆士兰州的伯克顿镇飞去。驾驶飞机的人名叫米克，他来自欧洲，是一名喜欢探险的摄影师。飞机上还坐了米克的两位同事：罗伊和斯密达。

昆士兰州位于澳大利亚大陆的东北部，东濒太平洋，是澳大利亚的第二大州，这里降水量少，气候温暖，阳光明媚，素有“阳光之州”的美誉。伯克顿镇只是昆士兰州的一个偏远小镇，当地居民不足200人，它既非旅游胜地，也非物产丰饶之地。然而，每年都有一些游客不远千里来到这里，他们的目的很简单，想亲眼看看小镇上空出现的一种神奇景观：晨暮之光。米克他们的这次小镇之行，正是冲着“晨暮之光”而来的。

飞机快速平稳地向伯克顿镇飞去。驾驶舱内，米克和两位同事的六只眼睛紧紧盯着前方，此时天空还未完全放亮，一缕缕薄薄的云浮在空中，显得轻盈飘逸。

“不知道咱们这次运气如何，能不能碰上‘晨暮之光’？”罗伊有些担忧。

“应该没问题吧，听说这个季节正是‘晨暮之光’出现的最佳时节。”斯密达信心满满地说。

“你们看，那不正是‘晨暮之光’吗？”一直专注驾驶飞机、没有说话的米克突然大声叫了起来。

“在哪里?”

“飞机左侧下方!”

果然,在飞机左侧下方的低空中,出现了一幕令人震惊的景象:三条由云构成的白色管道铺展在广阔天空中,像三条长龙蜿蜒伸到远方;“管道”与“管道”之间相距几百米,前看不到头,后看不到尾,不知道它们到底有多长;“管道”不停翻转着,以极快的速度向前滚动,在飞机上似乎可以听到它们翻滚的“呼呼”声。

“我的天啊,真是太壮观了!”罗伊情不自禁地发出感叹,赶紧拿出相机拍摄起来。

“是呀,这是我有生以来见过的最神奇的云彩!”斯密达也赶紧取出了相机,“米克,能否把飞机往下降一些,这样能拍得更清楚一些。”

米克操纵着驾驶杆,把飞机高度稍稍下降了一些,白色管状云看得更清晰了,不过,这时机身也猛烈抖动起来。

“伙计们,我们不能靠得太近,这种云看来有危险!”米克赶紧把飞机又拉了起来。

跟着管状云跑了一阵，直到它们消失不见，米克他们才心满意足地回去。这次的小镇之行，三人可谓大获丰收，如愿以偿地拍到了这种神奇的云彩。这些照片在网络上发表后，引起了无数人的好奇和关注。

“晨暮之光”的传说

这种神奇的管状云非常独特，每年秋天（南半球为3—5月，此时北半球为春天），它们都会出现在伯克顿镇上空。每当它们出现时，一条条白色“长龙”就会掠过大地，给伯克顿镇带来别样的景观。由于这种云一般都是在早晨或黄昏时出现，因此人们把它称为“晨暮之光”。

“晨暮之光”是如何形成的呢？在当地有一个古老的传说。据说伯克顿镇是一块难得的风水宝地，这里也是海龙出入之地：海龙经常从大海里飞出来，跑到大陆上空嬉戏。它们一出现，往往伴随狂风暴雨，给人间带来深重的洪涝灾害。人类不堪其扰，于是每天不停祈祷，希望上帝惩治一下这些恶龙。上帝察觉人间苦难后，化装成一个老头来到伯克顿镇。没过两天，恶龙们呼朋引伴，驾云驱雾，浩浩荡荡地出现了，顿时天空暴雨如注，地面上狂风大作，老百姓的房屋被掀翻了，地里的庄稼被洪水冲走了。见此情景，上帝决定狠狠惩治一下这些坏家伙，他飞到空中，用手中的木剑斩下了三颗龙头，其余的恶龙见势不妙，赶紧夹着尾巴逃跑了。从此，人间太平，老百姓过上了安居乐业的生活。不过，时间一久，海里的恶龙们“好了伤疤忘了痛”，又有些耐不住寂寞了。每年秋季，它们偷偷从海里溜出来，由于担心被上帝发现，所以它们在身上裹上一层白云，而且总是选择在早晚不被人察觉的时刻出现——这便是“晨暮之光”的由来。

管状云的成因

伯克顿镇上空出现的这些长长的管状云，其长度令人震惊，它们最长可以延伸约966千米，向前移动的时速最快可达56千米，相当于一辆小轿车行驶的速度;即使在无风的天气里,它们也能给靠近它们的飞机带来很大麻烦。

这种神奇云彩是怎么形成的呢?德国慕尼黑大学一位叫罗杰的气象学家,在经过长期研究后揭开了管状云的神秘面纱。

原来,管状云是一种由独特地理位置形成的特殊气候构造:昆士兰州所在的约克角半岛长500英里*,岛尖伸入卡奔塔利亚湾和珊瑚海之间,整个半岛的宽度为60~350英里不等,也就是说,这个半岛处于两个海的夹缝之中。每年秋天,东部的海风在白天吹过半岛,夜里这股风会与来自西海岸的海风迎面相撞,两股“脾气”不同、“性格”迥异的海风一碰面便会大打出手,它们一打架,就会使空气产生波状扰动。这股既潮湿又不安分的空气在早晨“爬”升到空中,一旦遇到进入内陆的海风,空气就会冷却凝

* 英里:英美制长度单位,1英里≈1 609米,下同。

结形成一条管状的云彩,这就是管状云的成因。罗杰指出,因海风进入内陆的次数不同,形成管状云彩的个数也不同,最多的时候,他曾看到过十条管状云彩。

罗杰还表示:“如果你看着这些云彩,会感觉它们在向前滚动。实际上是云彩的前缘在不断形成,而后缘在不断消失,因此给人以滚动的感觉。”

神秘飞碟云

飞碟,是传说中外星人乘坐的飞行器,它的外形像圆盘或碟子。长期以来,不少人声称看到过飞碟,并拍下了形形色色的照片,不过据专家分析,这些照片基本上都是赝品。

在这些赝品中,有一种外形酷似飞碟的云长期被人们误解,它就是神秘的飞碟云。

摄影师拍到“飞碟”

2013 年 6 月的一天,俄罗斯远东的堪察加半岛上,几位俄罗斯人一边慢慢走,一边欣赏半岛上的美丽景色,其中一名摄影师扛着摄像机,边走边拍摄。

堪察加半岛是亚洲最东端的半岛,这里地广人稀,植被、地貌基本保持了原始形状,长期以来,这里便是探险家和摄影师的天堂。

“快看,那是什么?”转过一个山头,一名俄罗斯人突然指着前面的山头叫了起来。

山顶上,一个圆盘状的巨大物体悬停在半空,它的直径大约有 400 米,高度约有 500 米,中间略为宽大,其底部像水母般蓬松,飘着一些长短不一的触须,顶部看上去较为光滑,像陶瓷般反射着阳光。整体看上去,“大圆盘”熠熠闪光,显得神秘莫测。

“飞碟!”几个人几乎异口同声地说出了心中所想,话一出口,大家似乎意识到什么,赶紧蹲下身子就地躲藏。他们扒开灌木丛,小心翼翼地向外察看,摄影师则将镜头对准“大圆盘”,一丝不苟地拍摄起来。

“大圆盘”悄无声息,它像幽灵般慢慢移动。这个巨大的白色圆盘确实很像传说中的飞碟，无论外形还是神秘性，它都像另一个世界的生物或交通工具。不过，当摄影师将镜头慢慢拉近时，他看到这个“大圆盘”身上出现了云的特征。

“我觉得它不应该是飞碟，而是人们一直以来所说的飞碟云。”摄影师一边拍摄，一边告诉同伴，“它和英国威尔顿夫妇看到的飞碟云应该是同一种云。”

原来，2010 年 6 月，居住在英国佩思郡克里夫市的布莱恩·威尔顿夫妇曾经拍摄到了一张精彩的飞碟云照片，布莱恩·威尔顿说：“我们简直不敢相信，那就像是电影《第三类接触》里外星人飞船出现前的那一幕。”当时，在夕阳的照射下，飞碟云浑身金光闪闪，给人以强烈的视觉冲击，但很快，这种透镜状的云朵很快就因水分蒸发而消失得无影无踪。

通过摄像机镜头辨认，几名俄罗斯人最终确定这是飞碟云。他们拍摄的视频和照片在网上发布后，很快引起了全球网民的关注。

一场飞碟云的风波

在中国也出现过飞碟云的身影，它的出现，还曾经引发过一场飞碟风波呢。

2012 年 1 月 3 日，山东省临沂市某单位的几名工作人员到沂水县龙家圈镇出差。下午，他们在归来的途中，发现远处的山坡上，一个村庄白墙红瓦，在落日余晖映照下美不胜收。大家立即停下车欣赏，一名姓王的同事则拿出随身携带的相机，换上长焦镜头，兴致勃勃地拍摄起来。当他把镜头慢慢拉近时，突然发现了一个奇怪的现象：村庄上空，有一个椭圆形的白色物体悬停在那里，看上去就像一个大圆盘。"瞧，我拍到了飞碟。"他迅速地按下快门，并把拍到的照片给大家看。由于相机显示屏太小，大家没有看清，反而开玩笑地说："飞碟要是那么容易被你拍到，你就发大财了。"

第二天上午，在办公室忙完工作的王先生取出相机，将昨天拍到的照片全部拷贝到了电脑上。照片一张接一张地浏览，当看到那张带有"飞碟"的照片时，王先生仔细观察了一下，发现照片当中的白色物体呈一个相当规则的碟状，而且中间还有一圈一圈明显的层次。"这不是和电视上、网上看到的飞碟十分相似吗？"同事们围拢来看了后，都觉得这个东西确实像飞碟。

很快，王先生拍到飞碟的消息便传开了，当地媒体记者将这张照片发到读者 QQ 群里，众多读者看到后，有的说确实是飞碟，有的说是外星人的飞船，有的则说可能是烟雾……为了弄清它的庐山真面目，记者决定请教气象专家。一名叫朱义清的预报员经过仔细辨认，一语道出了它的真实身份。原来，这个白色碟状物就是人们俗称的"飞碟云"。

飞碟云的前世今生

那么，飞碟云是一种什么样的云？它又是如何形成的呢？

气象专家指出，通常人们看到的飞碟云，其实就是荚状高积云。荚状高积云属于中云族，它中间厚边缘薄，轮廓分明，通常呈豆荚状或椭圆形，所以人们给它取名为荚状高积云。荚状高积云的云块通常呈白色，但在太阳光和月光的照射下，云块有时也会产生七彩虹光，使得它看上去神秘莫测，让人误认为是外星不明飞行物。

荚状高积云的"前世"，其实是一团湿润的空气。这团湿润空气在平地上流动时，温度没有显著变化，所以根本看不到它。不过，当它遇到高山阻挡时，气团便沿山坡开始爬升，越往上温度越低。当湿热空气遇冷，里面的水汽就会凝结成小冰晶，小冰晶和水汽聚集在一起，就形成了云。云翻过山后一般都会往下沉，但这时山这边也有上升气流，两股力量相互"掐扯"，于是便将云"扯"成了豆荚状或椭圆形。

因为荚状高积云较少出现，人们平时很少看到它的踪迹，再加上它的模样特别像飞碟，所以它一出现，往往便被误认为是外星飞船或不明飞行物降临了。

壮观瀑布云

我们都知道,瀑布是从高处奔腾而下的水流,大自然中,有时气势宏大的云流也会从高处快速奔涌而下,这种云被人们称为瀑布云。

瀑布云出现时,似天幕下落,如长链垂地,铺天盖地的云流迅猛磅礴,澎湃汹涌,它可以说是地球上最壮观的自然景观之一。

壮观的云流

夹金山,是中国工农红军长征徒步翻越的第一座大雪山,它横亘在四川省小金县达维乡与雅安市宝兴县之间,海拔4 124米,这里山岭连绵、重峦叠嶂、地势陡险,天气复杂多变。当地流传着一首这样的民谣:“夹金山,夹金山,鸟儿飞不过,人不攀。要想越过夹金山,除非神仙到人间!”

这座巍峨壮美、雄峻奇险的大山,处处氤氲,有着神秘莫测、摄人心魄的气象现象,其中,一泻千里,如大江决堤般雄浑壮美的瀑布云,更是堪称人间奇景。

清晨,从小金县的县城出发,沿着夹金山山脚向上攀登。晴朗湛蓝的天幕上,几乎看不到一丝云彩,金灿灿的太阳倾洒下万道金光,把夹金山晕染得格外壮观。在半山腰,便可看到一条白色的云带萦绕在山顶上,似夹金山缠裹的一块头巾。随着距离越来越近,白色的“头巾”逐渐变得清晰,只见白茫茫的云雾在山顶一带蔓延,如棉花般的云彩翻卷着跃跃欲飞,景象煞是好看。正当人们为之陶醉时,突然之间,云海如大江般决堤了,滔滔云海似千军万马从山顶直冲下来,翻江倒海的场面令人震撼。白云飞舞着,在强劲的高原风吹拂下,争先恐后地向山下逃窜。从半山腰往上看,咆哮奔涌的白云如一条瀑布挂在山间。来到山顶,这里又是另一种景象:铺天盖地的云雾就在面前翻滚,云雾缭绕,仅能看见一个个山头,不一会儿,云雾便冲到面前,将人完全笼罩在了一片白茫茫的云海之中。

夹金山瀑布云,是一种可遇而不可求的现象。民间传说,夹金山是神仙聚会之所,因为这里景色奇美,天上的神仙经常前往夹金山聚会,每当神仙一出现,夹金山就会云雾缭绕,从而出现壮观美丽的瀑布云。

瀑布云成因

那么,夹金山真的有神仙吗?

当夹金山出现瀑布云的时候,人们有时确实会看到传说中的“神仙”出现。站在山顶高处向下望,只见四周白云茫茫,波起涛涌,好像大海汪洋,正当人们对眼前如梦如幻的“仙境”赞叹不已的时候,突然,面前的瀑布云中,出现了一轮巨大的光环,光环开始为白色,渐渐地,白色变成了彩色。光环越来越大,越来越近,似乎触手可及。正当游人惊诧不已时,奇特的一幕出现了：光环中有硕大的影子显现，影随人动，或抬手，或举足，栩栩如生，令人十分惊异，其情其景宛如传说中的观世音菩萨显灵。“神仙”和远远近近的皑皑雪山一起，构成了一帧神秘且美不胜收的风景。

原来，这种奇特的现象，就是我们经常所说的“佛光”。这种罕见的气象景观，在多雾的山区常会出现。早晨人站在山顶上，当背后有太阳光线射来时，他前面弥漫的浓雾上就会出现人影或头影，影子四周常环绕着一个彩色光环，这个光环就是光线射入雾层之后，经过雾滴反射形成的。夹金山“佛光”，正是因为瀑布云中空气湿度很大，为太阳光线提供了充裕的“游戏场所”。在云层之上，当太阳散发出万道金光时，云雾水滴中的空隙便会发生光的衍射作用，从而产生内紫外红的彩色光环，色带排列正好与虹相反。如果观察者与太阳和光环恰好在一直线上，就可以看见人影映于光环之内，人行影亦行，人舞影亦舞，于是乎一些游人就飘飘“遇仙”了。

弄清了“神仙”真相，我们再来看瀑布云的成因。原来，在山的另一面，即雅安市宝兴县境内，完全是另一番天地。由于四川盆地的暖湿空气常在夹金山东坡上升凝结，加上东坡喇叭口的地形，暖湿空气只能进不能出，因而常常形成大面积的云海。云海沿山抬升，在翻越山顶后，由于西坡空气干冷，云海遇冷后迅速下沉，并从山顶一带决堤而下，从而形成了十分壮观的瀑布云。

“白龙窜谷”景观

除了夹金山外，在中国很多地方都可以看到瀑布云的踪迹，这其中，江西庐山的瀑布云尤其常见。

2012 年 8 月下旬初，庐山经历了 3 天大风暴雨之后，24 日早上天气放晴了。早上 7 时许，天空露出了蔚蓝的色彩，东方的天际更是被朝霞晕染得格外美丽。游客们兴致勃勃，一早便起来爬山，当他们爬到莲花谷、五老峰一带时，突然被眼前的景象惊呆了：只见连绵不绝的云层像瀑布一般，从山顶上奔泻而下，置身半山腰，眼前仿佛天河决堤，云流看上去气势磅礴、汹涌澎湃；又好似一条大白龙从山顶飞跃下来，窜入了高深莫测的峡谷之中。瀑布云奔涌而下，在千山万壑间形成了壮阔的云海，高山群峰则如海中礁石，在波涛中岿然不动……

2003 年 5 月，广西老山界出现的瀑布云更为奇美：当时在太阳光的照射下，如万马奔腾的瀑布云凌空而下，云层呈现出五种颜色，形成令人叫绝的彩色飞瀑奇观。除此之外，安徽黄山等地也曾出现过瀑布云。

据气象专家分析，上述这些地方出现的瀑布云，都与独特地形分不开：在地形抬升作用下，云层在山顶生成后，又沿山的另一面倾泻而下，直冲谷底，形成飞流直下、壮观无比的瀑布云。

恐怖乳房云

暴风雨来临前，我们常常会看到满天乌云，它们黑压压地布满天空，仿佛随时都会压到头顶上来，让人心惊胆战。不过，最令人恐怖的云，是一种类似奶牛乳房的怪云。

这种怪云为啥叫“乳房云”？它为什么令人感到恐怖呢？

乳房云布满天空

2013 年 4 月 25 日上午，中国吉林省延吉市笼罩在惊恐不安之中。

这天上午，延吉市的天空一直被厚厚的云层覆盖。10 时许，市民王老太上街买菜，走出家门口，她习惯性地抬头望了望天空，这一望不打紧，她心里顿时“咯噔”一下：只见天空昏暗，仿佛黑夜提前来临；一大团一大团的黑云堆在空中，有些黑云团的底部直垂下来，形成了类似奶牛乳房的形状；黑云团与楼顶的距离看上去是那么近，它们似乎随时都会砸到楼顶上来。

这是什么云？难道今天会发生大事情？王老太心里有些发怵。与王老太一样，看到怪云的居民们心里也同样感到不安。因为就在几天前的 4 月 20 日，四川雅安市发生了 7 级大地震，据说地震前一天，当地出现了怪异大风，所以大家看到天上出现怪云时，心里都不禁有些担忧。很快，怪云引起了气象专家的注意，通过仔细辨认，专家确定这就是赫赫有名的“乳房云”。

“乳房云”在美国出现的频率相对较高。2004 年 6 月的一天，美国内布拉斯加州一个体育场内，运动员们正在紧张进行训练。不知不觉，天空的云越来越多，云层越来越厚，很快，一排排长云横过天空，云层底部，悬挂着一个个云团，它们既像奶牛的乳房，又像充满气的布袋。由于这天正值中午，而且部分地方云层较薄，因此云的底部显得比较明亮，呈现白色和灰白色，整个景象看上去壮观美丽。

与内布拉斯加州的乳房云相比，美国纽约出现的乳房云更为罕见和奇特。2009 年 6 月 26 日，纽约天空中出现了一团团红色云朵，看上去令人心里不安，而令人更不安的是云朵的形状：云朵底部径直垂下来，形成了一个个硕大的半球形，看上去像奶牛乳房，而个别云朵底部形状更为怪异，有人说像外星人，并认为这种云像电影《ID4 星际终结者》里外星人入侵地球当时的景象；也有人说像流行音乐天王杰克逊的头像，因为就在前一天，杰克逊刚刚去世，有人认为这是杰克逊借天上的云显灵了。一名叫梅尔的气象专家也说：“我看到他的鼻子，他的脸颊，还有黑人头。”当然，梅尔最后也向大家说明了这种怪云的真实身份：它就是预示暴风雨即将来临的乳状积云，也就是乳房云。

乳房云形成的秘密

乳房云是一种可遇而不可求的怪云，它很少出现，有些地方十年才出现一次，而有的地方，人们很可能一辈子都看不到它。那么，这种怪云是如何形成的呢？

其实，这种怪云属于低云族中的积雨云。积雨云是整个云族中脾气最为暴烈的一种云，云中的上升气流特别旺盛。而乳房云，其实就是积雨云的底部，只不过，一般的积雨云底部不会出现这种形状。

什么情况下，积雨云底部才会出现乳房状呢？我们知道，云形成的过程，就是又湿又热的空气被抬升到高空逐渐冷却的过程，积雨云的形成也不例外。不过，积雨云形成后，在它的内部，上升和下沉气流都十分剧烈，上升气流把水汽“顶”到很高很高的空中，水汽饱和析出后，由于高空温度很低，有些水汽变成液态水，有的直接凝结成冰晶体，有的变成水后又被冻结成冰。这些冰晶体、混合冰和液态水生成后并不安分，它们在翻滚的气流中你碰我，我撞你，大家集结在一起，很快发展壮大，而自身的“体重”也在不断增加，上升气流很快便托不住它们了，于是这些小家伙开始向下坠落。

一般情况下，这些小家伙会直接落到地上，形成雨、雪，甚至是小冰雹。所以，平常我们只能看到普通的积雨云。不过，万事都有偶然的时候，当冰晶体、混合冰和液态水组成的又湿又冷的空气迅速下降时，这时如果地面正好有暖空气上升，并且这团暖空气的上升力量与湿冷空气下降力量正好相当，奇迹便发生了：湿冷空气在空中悬停起来，从而形成了一个个乳房状的云块。气象专家指出，乳房云底部的悬球状结构大多比较均匀，这是因为在每一朵乳房云中，气温的下降和云朵的重量增加是成正比的，也就是说，如果你将一个温度较温暖的气泡放在乳房云的某个地方，它根本不会上升或者下降，因为云彩中没有热量流动。

乳房云的外形变化形式较多,它们可以表现为覆盖数千平方千米的长形波状涟漪,或者是接近球形的斑块状云层,单个的乳房云结构能够保持静止不动 10～15 分钟,而成群结队的乳房云“寿命”则长达 15 分钟到几个小时。

乳房云的出现往往预示着暴风雨或其他恶劣天气降临,所以,当你看到天空有乳房云出现时,千万要小心,记得提前做好防灾准备哦!

奇异帽状云

天上的云多姿多彩，各具特色，其中，一种外形独特的云更是独领风骚，它可以说是自然界的一大奇异现象。

这种云的外形看起来像一顶帽子，因此被人们称为帽状云。

帽状云引热议

2010 年 8 月 11 日傍晚，太阳快要落山了，在中国新疆天山山脉最高峰博格达峰下的一处草场里，一名叫努哈依的小伙子赶着牛羊，慢悠悠地向山下的村子走去。

走着走着，小伙子不经意回头看了一眼身后的山峰，突然，他的双眼一下瞪大了：只见在落日余晖映照下，博格达峰上的皑皑白雪散发出圣洁的光芒，在山峰上空，出现了一团奇异的云彩，这朵云的一端底部与山峰相接触，另一端稍稍向上挑起；云体由两个层面组成，下层比上层稍为宽长，整体看起来就像当地人戴的一种宽檐帽。

几乎与此同时，山下村子里也有人也看到了这朵奇异的怪云。“快看，山上的那朵云好奇怪哦！”人们奔走相告，很快，整个村子的人都知道了，大家都从屋里钻出来，一眼不眨地盯着山顶看。

“该不会是山神显灵吧？”有人神色虔诚地说。因为博格达峰是天山的最高峰，它的海拔高度为 5 445 米，峰顶的冰川和积雪常年不化，银光闪烁，当地人对这座山峰一直存有敬畏心理，认为山上有神灵居住。

“这朵云很像一顶帽子，莫非是山神戴帽？”有人却提出不同的看法。

就在人们议论纷纷的时候，随着夕阳颜色加深，博格达峰似乎被抹上了一层金黄色的奶油，而那朵怪云也在悄悄“变脸”：它上面的“帽壳”逐渐收缩，与下面的“帽檐”渐渐融为一体，变成了一朵扁平的“飞碟云”。十多分钟后，“飞碟云”慢慢消散，博格达峰上空只剩下了一些残余的浮云。

博格达峰出现的这朵奇异“帽状云”，很多地方的人们也看到了，并有记者用镜头将它“捕捉”了下来，在报纸和网站上发表后，引起了网友的热议，大家都觉得这朵云太神奇了。

火山上空的帽状云

帽状云除了在一些山顶上空出现外，人们还能在火山喷发时寻觅到它们的踪影。

2009 年 6 月 12 日，日本东北部千岛群岛的松轮岛上，伴随巨大的轰鸣声，一座叫萨里切夫的火山大规模喷发，火山灰直冲云霄，形成数千米高的烟柱。当天，一位在国际空间站工作的航天员观察到火山喷发的情景后，立即将它拍了下来。照片传送到地面后,科学家们发现这张从高空拍摄的照片相当震撼。照片上,褐色火山灰和白色水蒸气形成巨大云柱,像一朵硕大无比的蘑菇挺立在天地之间,云柱顶端扩展、平延,形状像一顶大帽子。

事实上,在许多火山喷发现场,人们都能看到帽状云。2010 年 3 月至 4 月,冰岛南部的艾雅法拉火山接连两次爆发,大量火山灰和气体冲到空中,形成顶天立地的烟雾和云柱。科研人员乘坐飞机从空中观察,看到巨大的云帽笼罩在烟雾上空,它和火山灰一起遮天蔽日,使得当地的白天形同黑夜。

除了大自然的火山喷发,人类也能制造帽状云。说到这里,你可能已经想到了答案。没错,人类制造帽状云的手段就是核弹。1945 年 8 月 6 日上午 8 时 15 分,美军一架 B-29 轰炸机飞临日本广岛市区上空,投下了一颗代号为“小男孩”的核弹。“小男孩”是一颗原子弹,它爆炸之后,一朵蘑菇云从地面迅速升起,直达数百米的高空。蘑菇云的顶部,极像一顶巨大的帽子。现在,随着核弹威力的增强,它爆炸产生的蘑菇云范围更大,腾空更高,自然地,蘑菇云的“帽子”也就更大了。

帽状云的成因

那么，帽状云是如何形成的呢?

气象学家们经过分析，认为这种云形成的主要原因在于猛烈的上升运动。我们都知道，上升运动是形成云的基本条件，因为湿润的空气只有被上升气流带到空中，温度降低，里面的水汽才能达到饱和状态，从而凝结形成小水滴或小冰晶，也就是形成云。如果没有上升运动，空气中的水汽再怎么多，一般情况下也很难形成云，最多只能形成雾。

不过，正如中国话所说“过犹不及”，上升气流若冲得太猛了，空气移动速度太快，这股气流冲到高处时，就会处于一种“无组织无纪律”的混乱状态，因为高处的温度一般较低，都会达到形成云的条件，最上层的空气形成“帽壳”，而下层的空气则形成“帽檐”，于是乎，一顶奇怪的帽状云就形成了。

气象专家指出，一般正常情况下，只有低云族的积雨云才具备这种猛烈的向上冲劲：云团内部的上升气流特别旺盛，一些湿润的空气被顶到头顶后，便会形成云帽。有的时候，云帽在山那边形成，高高悬在山顶上空，山这边的人看得很清晰，而山那边由于有积雨云阻挡，当地的人们反而看不到。

一个叫布雷德的气象专家指出:“在雷暴天气当中,由于空气快速上升,并且不断同大气层空气进行混合,当气流达到形成云层所需温度后,就会形成帽状云。因此,在雷暴天气当中,帽状云现象是非常常见的。”而另一个叫帕特里克的气象专家则不同意这种观点,他认为,积雨云顶部的云帽其实是一种冰盖。不管怎么说,积雨云顶部的云确实像帽子,这是不容置疑的事实。

至于火山喷发形成云帽,其原理也差不多:火山爆发形成的冲击波,通常会造成火山灰和水蒸气周围的大气被挖空,形成一个空洞,火山灰快速上升,把空气迅速抬升并冷却,造成水蒸气凝结,从而形成帽状云。而核爆炸和火山喷发的原理差不多,也是突然爆发的上升运动将湿润空气带到高空,温度降低,就会形成云帽了。

幽灵夜光云

在太阳光照射下,天空的云呈现出美丽的色彩,但一到夜晚,如果没有月光,整个天空就会一片漆黑,所有云都隐入了黑暗之中。

不过,在无边的黑暗中,人们有时会看到一种散发着淡蓝色光的薄云,它像幽灵般飘浮在空中,显得神秘莫测。

天文爱好者的发现

人类第一次看到这种夜间发光的云,是在19世纪末期。

1885年的一天晚上,美国科罗拉多大学教授加里·托马斯和几位学生一起,准备观测天空的云。此时没有月光,天空一片漆黑。托马斯教授和学生们借助云底反射的人间灯火,努力辨认着云的形状。这时,有个学生指着南面的天空,惊奇地叫了起来:"教授,那是什么呀?"大家转过头一看,只见南面的天空有一片薄幕状的怪云,它散发着幽幽蓝光,上层的云呈丝缕状,仿佛纵横交错的河道,下面的云则连接成一片,像一条大河横过天空。在漆黑的天空背景衬托下,那片淡蓝色的怪云看上去格外醒目。

"它会不会是萤火虫聚集形成的发光体呢?"有学生分析。

"不对,萤火虫不可能飞那么高,也不可能形成这么大片的云,再说,萤火虫是活动的呀!"有人马上反驳。

"嗯,这确实是一片云,可是它为什么会发光呢?"托马斯教授也百思不解。

正当大家热烈讨论的时候,怪云散发的蓝光逐渐淡去,云体也开始模糊。不一会儿,怪云完全融进了黑暗的天空中,从大家的视野中完全消失了。

继托马斯教授之后，又有不少人在夜间看见过这种发光的云。2006 年 7 月 11 日晚上，在欧洲的瑞典，几个天文爱好者在观测夜空时，看到了令他们惊奇的一幕:天空被划分成了三个层次分明的区域，北面地平线及其附近一小片天空，被城市灯火映成了一片橘红色，紧挨着这片橘红色天空的，是一片由蓝色薄云构成的区域，除此之外，便是大片漆黑的夜空。令他们感到惊奇的正是那片蓝色的云区。这片蓝色云区与其他云区界线分明，云的形状十分清晰，大部分呈丝缕结构，有一小部分分层排列，看上去像山间梯田一般，显得十分怪异。几个天文爱好者赶紧拿起相机，拍下了这难得的一幕。这些照片在网上发布后，引起了人们对这种发光怪云的探索，他们给这种云取了一个名字——夜光云。

夜光云与大爆炸有关吗

1908 年 6 月 30 日，西伯利亚的通古斯地区发生大爆炸，将方圆几十平方千米的森林夷为平地。据估计，通古斯大爆炸产生的威力至少相当于 10 兆吨 TNT 炸药爆炸产生的威力，它比美国投在日本广岛的原子弹的爆炸威力强数千倍。一直以来，很多专家都认为这次大爆炸是因为一颗小行星撞击地球大气层引发的。

不过,有专家结合爆炸之后天空出现的奇异现象,提出了另外一种说法:当时撞击地球的不是小行星,而是一颗彗星。据记载,那次大爆炸发生后,从欧洲到伦敦长达3 000英里的范围内,连续几天夜空总被什么照亮。一名叫迈克尔·凯莱的科学家认为,夜空被照亮,实质上是当时出现了大面积的夜光云,它们散发出蓝光或银白色的光,使天空看上去十分明亮。这名科学家据此指出:形成夜光云需要水蒸气,而小行星不可能携带水蒸气,只有彗星有这种可能,它携带着大量水蒸气与地球大气层撞击之后,水蒸气进入大气层,从而出现了大面积的夜光云,使得大爆炸后的欧洲夜空连续几天被照亮。

不过,也有科学家不同意这种观点,他们认为当时欧洲夜空出现的不一定就是夜光云,大爆炸也不一定是彗星所为。

夜光云形成之谜

夜光云是如何形成的呢? 1885年,托马斯教授及其学生发现夜光云后,便进行了深入研究。托马斯教授发现,夜光云的出现似乎与两年前的喀拉

喀托火山大爆发有关。喀拉喀托火山位于印度尼西亚的岛屿上,1883 年的那次大爆发,是世界火山史上最为猛烈的大爆发之一,当时火山爆发产生的烟柱升入 50 英里的高空,火山灰漂洋过海,地球很多地方都受到了影响。

后来,又有许多科学家对夜光云进行了深入研究,他们把夜光云分为四种类型:面纱型、条带型、波浪型和旋涡型。科学家们发现,夜光云看起来有点像高云族的卷云,但它比卷云薄得多,而且位置也更高,它们一般出现在距地面 80 千米的高空。更主要的是,它的颜色为明亮的蓝色或银白色,而且,这种云都出现在日落后太阳与地平线夹角在 6°~16°之间的时候。科学家们认为,这是因为时间太早,太阳光线强烈,而夜光云太薄弱所以看不见,而时间太晚,它又会沉到地球的阴影之中去。因此,夜光云总是在夜间"偷偷"出现,而且只有在高纬度地区的夏季才能看见。

对夜光云的成因,目前科学家们仍有不同的意见,最主流的理论认为它是由极细的冰晶构成。一般认为,要形成夜光云需要有三个条件:低温、水蒸气和尘埃,这样水蒸气才能凝结成极小的冰晶。这些冰晶颗粒的半径一般为 0.05~0.5 微米。夜光云之所以会发光,就是因为这些小冰晶在 80 千米左右的高空散射太阳光线,从而使地面上的人类看到了发着蓝光或银白色光的云彩。

不过,也有人认为,夜光云是火山的喷发物或成群结队的大气尘埃,因为只有它们才能飞那么高,而美国海军研究实验室的科学家迈克尔·史蒂文斯则认为,夜光云可能跟航天飞机发动机喷出的火箭烟尘有关。

夜光云的身世之谜,如同它的形状和颜色一样,至今仍然显得神秘而诡异。

神奇雨雪

千年古井呼风唤雨

井，一般是供人们生活取水之用。但在四川省西部风光旖旎的蒙顶山上，一口千年古井却常年被石板盖着，很少用于饮水止渴。因为传说井盖"板揭即雨，板盖雨停"，神奇无比。人们为免遭雨淋，所以轻易不敢揭开井盖……

神秘的千年古井

蒙顶山位于四川省名山县境内，海拔1 400多米，山上草木葳蕤、古木参天，环境幽深、宁静，游人至此无不心旷神怡。山上气候十分湿润，天气复杂多变，当地人常用"蒙山天气喜无常，一日三变小孩脸"之说来形容。由于常年淫雨纷纷，云雾缭绕，蒙顶山茶的品质十分优良，有一副对联"扬子江中水，蒙山顶上茶"，便是说蒙顶山茶天下有名。

千年古井，位于蒙顶山接近山顶处的一块凹地上。山顶一带群峰陡峭，危岩兀立，唯有古井所在的地方稍显平坦。据传古井为种茶始祖吴理真所凿。《中国茶经》记载："西汉时，甘露禅师吴理真结庐于四川蒙山，亲植茶树，是佛教僧徒种茶的最早记载。"为取水浇灌茶园，吴理真便开凿了这口古井。

据考证，此井已有1 700年以上的历史。井由三层石柱围就，井口直径不足1米，并被一块雕龙的石板盖着。古井边青苔丛生，砌井石板历经千年打磨光滑如镜。井边的石墙上，刻有

“甘露”“古蒙泉”“龙井”等不同风格的字体，旁边附有古井的来历和说明。井前约50多米处，竖有一块高大的石牌坊，上面记载着蒙顶山的人文史实，牌坊之后，是麒麟石屏风。两只石麒麟用不同石料雕成，一只常年湿迹难干，一只即使雨天也不沾丝毫雨迹。井四周林木葱郁，遮天蔽日。即便在阳光灿烂的晴天丽日，古井一带也常云雾缭绕，星星点点的阳光从树隙间漏下，洒在青苔丛生的青石板上，更增添了古井的神秘。

古井会呼风唤雨

对此千年古井，《雅安地名文化趣谈》和《雅州通览》均有描述，并特别指出其“上覆石板，不可轻而揭取”，名山县志中亦记载“井内斗水，雨不盈、旱不涸，口盖之以石”。

为何口盖之以石，不敢轻而揭取？县志中解释，只要揭开盖井的石板，滂沱大雨便会从天而降，而只要盖上石板，雨便会消停，故民间有“板揭即雨，板盖雨停”之说。

在蒙顶山一带的农村，村民对古井十分敬畏，因为“向古井求雨，一般都会有求必应”。

蒙顶山一带的降雨十分丰沛，很少遇到干旱年景。但在历史上，周围村庄曾遭遇过几次大旱。每遇干旱年头，当地人并不慌乱，因为只要备上祭品，前往古井求雨便能一解干渴。据说，求雨的仪式十分隆重，男女老少必须非常虔诚，不但要行三叩九拜之礼，最后揭井盖的人，还须得是未婚的童男。揭开井盖后，只要大喊三声，不多时天空便云遮日隐，很快就会下起滂沱大雨。待到雨下够了，人们再去盖上井盖，雨很快便止住，云散日出，天空又是一片湛蓝。

时至今日，当地村民仍对古井的神奇感到敬畏。2005年7月，村民余君华带领一些人负责铺筑古井周围的路面。完工后，为清洁古井，他请来工人清除井底的淤泥。工人揭开井盖，刚刚开始清淤，好好的晴空突然乌云密布,下起了瓢泼大雨,“我们全身都湿透了!”经历过那场大雨的工人们仍心有余悸。

“平时我们都不敢揭盖子,怕被雨淋。”负责在蒙顶山景区打扫卫生的当地村民李华说。因为村民们都知道这一传说,所以人们路过井边时,都显得小心翼翼,更不敢轻易去揭井盖,有时看到有不明就里的外地人揭开井盖,他们都会赶紧上去盖住石板。

除了当地人以外,一些见证过“板揭即雨,板盖雨停”的游人也对此感到惊奇、迷惑不解。《华西都市报》新闻热线曾接到过一位郑先生的来电:前不久他和朋友一起到四川旅游,在得知蒙顶山上有口神奇雨井后,便去见识了一下其“庐山真面目”,结果如传说所言,井盖揭开不久便下起了雨。“如果不是亲眼见到神奇的雨井,我简直不敢相信它真的存在!”郑先生在电话中惊叹不已。

那么,古井为何能“呼风唤雨”呢?

揭盖下雨乃巧合

针对古井揭开井盖、发出“咚”的一声后才引发刮风下雨的现象，一些专家分析：井周围一带空气中的水汽十分充足，经常处于饱和状态，人们揭开井盖时所发出的那一声巨响，引起了空气的振荡，使空气中的饱和水汽分子相互碰撞，迅速造成连锁反应，并很快聚集成雨滴下落而形成下雨、刮风等现象。专家同时还指出：在井附近的地方，人若高声呐喊，有时也会出现类似打开井盖呼风唤雨的效果。这种现象在四川的甘孜、阿坝等地区的高原湖泊中也较为常见，并已被气象专家所破译。

但这种说法却无法解释古井有时揭盖会下雨，而有时不会下雨的现象。

当地气象专家在经过多次的试验和观察后，对蒙顶山古井“呼风唤雨”现象做出了科学的解释。原来，蒙顶山的山顶常年云遮雾绕，雨意氤氲，湿度极大，降水日数多，年降水量高达 2 200 多毫米。这么多的降水，导致山顶一带几乎日日雨水不歇。因此，人们揭开井盖时，碰巧遇到山顶下雨的情形也就不足为奇了。

至于为何蒙顶山顶雨多，而半山腰乃至山下的名山县城却降雨较少呢？气象专家指出，这并非是古井“作孽”所致，而是蒙顶山所处的特殊地形造就的：蒙顶山处于气流迎风坡，空气沿山坡爬升时，到山顶一带由于温度降低，空气中的水汽便凝结成雨降落下来。因此，除了蒙顶山顶降雨较多外，山下一带的降雨相对较少。

五彩斑斓颜色雨

天上下的雨,与纯净水一样,是无色无味的,但世界之大,无奇不有,有时候天上会降下五彩斑斓的颜色雨,令人十分惊奇。

这些彩色雨从何而来,它与一般的雨有哪些不同呢?

天降黄雨

2006 年 4 月 4 日,四川省荣县在经历了一夜春雨的洗礼后,天空放晴,空气清新,春光迷人,但在县城的许多地方,人们发现地面上有一层黄褐色的奇怪东西,尤其是雨后积水的地方,在阳光照射下“黄斑”显得十分鲜明。针对这一奇特现象,环保专业技术人员到现场查看,在确定“黄斑”不是污染物的前提下,初步分析出了原因:出现“黄斑”的地方,周围都有绿树花草(尤其是黄色的油菜花),因雨打花瓣(浸透花粉)落地后便出现了这种奇特的“花瓣雨”现象。无独有偶,2001 年 4 月初,雅安市雨城区南郊乡也曾出现过天降黄雨的现象:一夜春雨之后,人们发现村前村后的地面上,布满了星星点点的黄色印斑,一时众说纷纭,人心惶惶,最后还是气象人员前去解开了谜团,确认“黄斑”来自村前村后大片的油菜花地。

那么,黄色的油菜花粉是如何与雨水混合,又是如何落到地面上来的呢?专家解释:春季,在大片鲜花盛开的地方,空气中混合了大量的花粉,当天气发生变化,将要出现降水这类天气现象时,上升的气流就会把花粉带到空中,与空中水汽相互混合,并随雨滴下落到地面上来。这种被上升气流带到空中的花粉,下降时的区域可以离花粉源地较远,因而有些地方周围并无花源,但却出现了天降“花雨”的现象。此外,“黄雨”的形成,还有一种更直接的原因,那便是花源地上空飘浮的花粉,被下降的雨水直接浸润而下落到地面上来，当然，这种现象一般只出现在花源地附近的区域。

黄雨在许多地方都出现过。在中国的兴安岭地区，每年5—6月期间，天上有时会落下奇怪的“杏黄雨”。这些黄色的雨水降到地面，使得到处一片金黄，看上去像深秋季节提前来临。经过专家仔细考察，发现“杏黄雨”原来是红松树的花粉造成的：每年5—6月，当红松花盛开时，林海上空便飞舞着无数被风吹散的黄色花粉；这些花粉是一种很好的凝结核，水汽凝结在上面，或者雨滴粘着花粉，它们便随雨降落，从而形成了金灿灿的“杏黄雨”。

不过，有些黄雨却是特例，它们的形成另有原因。1870年2月14日，在欧洲某地曾经下过一场“杏黄雨”。一名叫卡斯特拉的化学家对此进行了化学分析，发现“杏黄雨”中的含水量仅为6.5%，而沙子和黏土的含量却高达65.5%，此外，“杏黄雨”中还含有氧化铁、碳酸钙，以及含氮的有机物等。这场黄色的沙雨，原来是龙卷风干的好事，它把地上的黄泥浆卷到天空，与雨水混合在一起后降落到地面，从而形成了这场奇特的怪雨。

天降黑雨

1979 年 3 月 15 日晚上，湖南省长沙县的黄花镇迎来了一场春雨，正当村民们为这场及时雨感到高兴时，有人惊奇地发现，落到地面上的雨竟然是黑色的。不一会儿，雨水便将大地和屋顶染成了一片棕黑色。这天晚上，在外面赶路的人淋了雨后，身上的衣服也被染成了黑色。同时被黑雨“光顾”的，还有湖南省凤凰县的腊尔山地区和贵州省松桃县的瓦窑等地。黑雨停止后的第二天，专家便赶到了现场进行调查。他们将采集到的黑雨样品送去化验，经过光谱定性分析，发现雨水中含有铝、锰、锡、铜、锌等金属元素。专家推测：这场黑雨，很可能是初春的大风将地上的黑色矿土吹到空中，与雨水混合后降落到地面上形成的。

在外国也发生过黑雨现象。1986 年 4 月 24 日上午，伊朗首都德黑兰上空阴云密布，雷声隐隐，一场暴风雨似乎很快就要降临。但直到中午时分，大雨才姗姗来到。铺天盖地的雨打在行人身上，人们惊奇地发现：雨水竟然是黑色的，一落到身上，衣服上便布满了黑色的斑点和条纹。专家经过化学试验后发现，雨水中含有大量的硫黄和磷。根据雨水的性质，气象专家认为，这种雨形成的原因，可能是大火造成的。原来，几天前德黑兰南部曾经发生过一场大火，火灾使得无数烟尘飘到空中，这些细小的颗粒与雨水汇合后落到地上，便形成了黑雨。

天降红雨

在众多的彩色雨中，最令人惊悚的莫过于像血一般的红雨了。

1608 年的一天，法国南部的一个小城下起了一场大雨。雨水“哗哗”从天而降，很快便在大街小巷积起了一个个水坑。令人惊异的是，这些水坑里的积水如血水一般，而从房顶上滴落的雨水也像鲜血一样红——整座小城就像一个巨大的屠宰场，让人感到十分恐惧。大雨过后，小镇的人们过了数日仍然惴惴不安,后来他们才知道,导致这场红雨的原来是气旋:庞大的大西洋气旋掠过北非沙漠地带时,猛烈的大风将地面上大量红色和赭石色的尘土带入高空,这些红色的尘土飘过地中海,飘到法国南部,并和空中的雨滴相遇,从而形成了这场令人恐慌的红雨。

类似的红雨现象在欧洲许多国家都上演过。1903 年 2 月 21—23 日,欧洲的许多国家下过一场特大的红雨,2 万平方英里* 的土地被染成了红色。经科学家测算,仅英格兰、威尔士两地,从天上倾泻而下的红雨中,所含红色尘土量便在 1 000 万吨以上。不用说,这场红雨的导演也是大西洋气旋。

---

* 平方英里:英美制面积单位,1 平方英里≈2.59 平方千米。

从天而降的惊喜

钱币从天而降,鲜鱼随雨而落,天上掉下苹果……这不是做梦吧?当然不是,下面咱们就去看看这些惊喜是如何从天而降的。

钱币从天而降

1940年6月的一天,苏联高尔基省的巴甫洛夫区米西里村天空昏暗,黑云堆积,村民们全都躲进屋里,惊恐不安地等待着风雨的来临。14时许,一声巨大的雷声突然响起,天空被无数火蛇状的闪电撕裂。在耀眼的电光中,大雨倾盆而下。然而,人们发现这场大雨有些不同寻常:和雨一同落下的,还有一串串钱币,它们在电光的照耀下闪闪发光,看上去格外引人注目;钱币落到屋顶上,将屋顶砸得叮当响,落到地上的钱币,则蹦起老高……由于风大雨急,谁也不敢贸然出门去捡拾钱币。几十分钟后,风停雨住,村民们赶紧走出家门,到处去寻找那些落在地上的钱币。不过,大家捡起来一看,发现这些钱币竟然是16世纪末期伊凡五世的银币,距今已经有将近400年了。由于古钱币无法使用,村民们只得将它们送给了相关部门,仅当地博物馆就收到村民送来的银币数千枚。

那么,这些古钱币是如何穿越时空来到米西里村的呢?据专家分析,这些古钱币很可能一直埋藏于地下,由于水土流失,它们逐渐暴露出来,不料当地遭遇了龙卷风袭击,古钱币被卷入空中,并“运输”到米西里村上空降落下来,从而形成了钱币雨。

与钱币雨类似的是珍珠雨。在印度中部的马拉杜地区,有一个叫比尤里的村子,每当天上下雨时,许多大小不等、颜色不一的珍珠就会随雨降落下来,吸引人们争相捡拾。更奇怪的是,这些彩色的珠子上都有细洞,洞口刚好能用线穿过。当地的村民将它们串成项链,挂在颈上,并称这些珠子为"所罗门王珠",意思是所罗门王显灵所赐。那么,这些珍珠从何而来?有人认为是龙卷风掠过珍珠养殖场,将珍珠卷到空中再降落下来,不过,由于珍珠上的细洞无法解释,所以珍珠雨至今仍是一个谜团。

天降鲜鱼

1981年8月的一天夜里,中国河南省林县小店乡盘峪村迎来了一场疾风骤雨,粗大的雨粒打在屋顶上"噼啪"作响。村民王启根半夜醒来后,听到自家窗台上"啪"的一声,随即院子里响起了跳跃声,他披衣起床,打开门一看,一条半尺长的鱼在院子里跳得正欢哩。"哪里来的鱼呢?"老王满腹疑惑,他冲进雨中,麻利地捉住了那条胖胖的大头鱼。正当他喜滋滋地往屋里走时,"啪"的一声,又一条鱼从天而降,一下砸在了他的头上,差点把他打晕。鱼一落地,立即在地上的积水中翻滚起来。"妈呀!"一辈子从未见过这种怪事的老王吓得把手里的鱼一扔,赶紧溜进屋里躲了起来。

天亮后,雨也停了,村民们从屋里出来,眼前的一幕情景让他们惊喜交加:村子周围的山坡上到处是鱼儿乱跳,有些人家的院子里也躺着一些奄奄一息的胖头鱼。"快捉鱼呀!"有人大叫一声,村民们就像听到冲锋号一般,纷纷涌出家门,跑到山坡上去拣拾那些垂死挣扎的鱼儿。老王也从昨晚的惊吓中恢复过来,赶紧把自家院子里的几条胖头鱼捡回了屋里。这一天,村子里几乎家家都在吃鱼。村民们都觉得,这些鲜嫩可口的鱼儿是老天爷送来的,有人甚至还烧香祈祷,感谢老天的赐福哩。

鱼雨现象在国外也时有出现。1859年2月9日11时,英国格拉摩根郡下了一阵大雨,雨下到一半时,人们发现地上的积水中,有许多小鱼在里面跳跃;站在雨中,不时有小鱼落到身上,然后再弹跳到积水中。1949年10月

23 日早上，美国路易斯安那州马克斯维也下过一次鱼雨，成千上万条鱼落到地上，引得人们争相狂抢。同一年，新西兰沿岸也下了一场鱼雨，几千条小鱼随雨从天而降，令人百思不解。

天上除了下鱼雨，还会下泥鳅雨呢。1984 年 8 月 6 日下午，中国的黑龙江省就曾经下过一次泥鳅雨。当日 14 时起，该省的逊克县干汉子区东升村开始下雨，1 小时后，雨和风力突然加大，紧接着，天上下起了冰雹和泥鳅。雨停后，路上和场院里到处都是活蹦乱跳的泥鳅，小孩们纷纷用脸盆装，满村的鹅、鸭也都跑出来争食。

鱼雨是如何形成的呢？难道它们真是老天爷赏赐给人间的吗？当然不是！专家指出，这应该是龙卷风干的好事：龙卷风从鱼塘或河边经过时，强大的风力将鱼或泥鳅卷上天空，偷偷送到别处，当风力减弱时，鱼或泥鳅便随雨水一起落下来了。

令人惊奇的苹果雨

2011 年 12 月的一天，英国考文垂市的一段公路曾经出现过离奇景观：天上下起了苹果雨。

这天交通晚高峰刚过没多久，考文垂市上空突然风云突变，黑云翻滚，地上的落叶被风卷起来，一些垃圾也四处散落。不一会儿，零星的雨点洒在地面上。下雨了！一辆辆汽车小心翼翼地在马路上行驶。这时，雷斯利区的一条交通干道上忽然传来阵阵惊呼，原来，伴随着星星点点的雨粒，一个个苹果从天而降。这些苹果又大又红，它们从空中降下来，有的落到路面上，有的掉在屋顶上，有的直接冲着汽车砸下来。道路上行驶车辆中的司机们大吃一惊，纷纷紧急刹车躲避，可一些苹果还是砸中了汽车，将汽车前挡风玻璃和引擎盖打得“噼啪”直响，有的甚至将挡风玻璃砸破。这场苹果雨持续了几分钟，事后，人们清点现场，一共捡到了 100 多个苹果。由于从高空落下，大部分苹果已经体无完肤，而一些苹果却完好如初，甚至还可以食用。

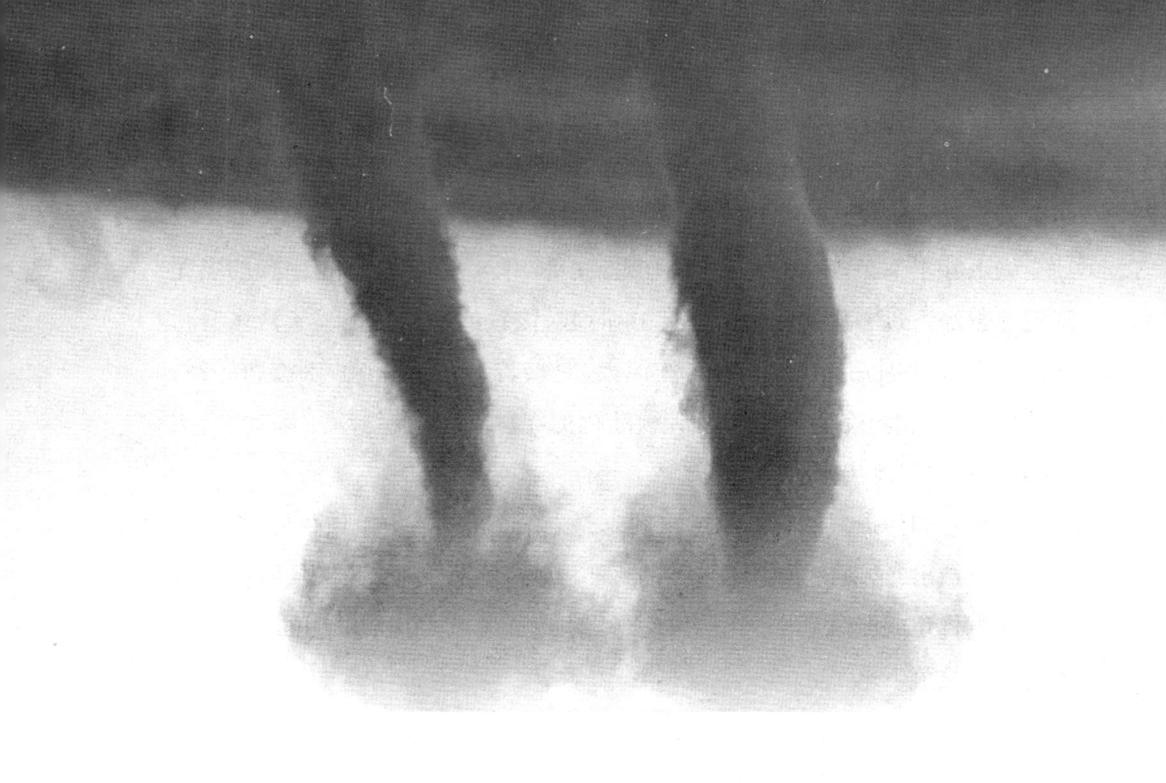

这些苹果来自何方？因为事发路段附近并没有苹果树，有人怀疑是顽皮孩童的恶作剧，也有人怀疑苹果是从路过的飞机上掉下来的。但英国气象专家认为，这些苹果可能来自外地，它们被龙卷风卷了起来，随着气流一路来到这里，最后在考文垂市掉落了下来。

不守规则的怪雨

大千世界，天上降的雨可谓千奇百怪，除了前面咱们讲的那些奇怪降雨现象外，大自然中还有一些不守规则的怪雨。

从下往上飞的雨

雨，一般都是从天而降，从上往下洒落。但在有的地方，雨却是从下往上飘洒，令人惊奇不已。

2004 年 7 月的一天，一群游人在江西庐山游玩时，就领略到了这种神奇的怪雨。这天的天气非常好，晴空万里，阳光炽烈。站在庐山半山腰，可以清晰地看到山下很远的地方。游人们兴致勃勃，一边游玩一边向上攀登。时至正午，一大片白色的云团从山脚缓慢上升。不多时，云团已来至半山腰。只见云团滚滚，势若翻江倒海，仿佛白龙在里面搅动，云中还传来隐隐雷声。由于云团在游人下方，所以人们感受到了隆隆雷声就来自脚下。大家从未见过这种神奇现象，纷纷拿起相机拍摄。就在这时，一阵雨滴突然劈头盖脸地砸向游人。

“好好的天怎么下雨了？”人们迷惑不解地抬头观望，只见头顶上的天空依然晴朗湛蓝，没有一丝云彩。

“这雨是从咱们脚下的云团中洒上来的。”导游指着云团告诉大家，“赶紧往上爬啊，再爬几步，这雨就追不上咱们了！”

游客们俯瞰脚下，只见云团滚滚，势如千军万马，那亮晶晶的雨丝正是来自半山腰的云团！大家跟着导游，一鼓作气往上爬了十多米，雨果然无影无踪了。

“那团云怎么不往上爬了？”有人好奇地问。

“一般情况下，它只到半山腰，因此雨也只在咱们刚才站立的地方下。”导游回答。

为什么会产生这种现象呢？导游向大家讲起了当地的一个传说：很久以前，鄱阳湖中有一条恶龙，它经常兴风作浪，掀翻渔船，冲毁房屋，庐山上的一位菩萨看到这种情形后，决定惩治一下这条恶龙。有一天，菩萨来到鄱阳湖边，化身为一颗光芒四射的珠宝，恶龙看到珠宝，立即飞身过来准备吞下。但珠宝却一下飞到了庐山山腰处，恶龙紧追不舍，随后也来到了山腰，正当它准备再次打珠宝主意时，菩萨现身了，他对着恶龙脑袋连敲了三下，恶龙一下身疲筋软，再也无法猖狂。从此，恶龙被困于庐山山腰处，它经常仰望山顶，吞云吐雾，每当此时，便会出现从下往上飞的怪雨。

恶龙的传说当然不可信。气象专家解释，这种现象是由于庐山的深谷中，水汽在受热后，常会产生对流运动，形成强烈上升的对流云团。而云团中蕴藏了大量的雨滴，为降雨奠定了基础。气流在上升的过程中，当“托举”雨滴的升力超过了雨滴的重力时，便会将雨滴往上抛洒，从而出现了天空无云却下雨的现象。

“阴间”打雷“阳间”下雨

在中国四大佛教名山之一的峨眉山，有一种令人惊异的怪雨现象：“阴间”打雷，“阳间”下雨。

峨眉山地势陡峭，风景秀丽，有“秀甲天下”之美誉，同时，这座在四川盆地拔地而起的大山有许多神秘之处，其中最典型的，便是峨眉山中间一条由云形成的“界线”：山下被称为“阳间”，这里时常阳光灿烂，晴空湛蓝；山上被称为“阴间”，这里时常白云缭绕，愁云惨淡。

早晨，游人从山下的“阳间”出发，只见天空晴朗，初升的太阳洒下阳光，到处一片金灿灿的景象；沿途流水淙淙，空气清新，房舍掩映在青山绿水之间，给人一种世外桃源的感觉。一路往山上攀爬，下午时分到达半山腰的“阴间”时，景况完全变了：头顶上是厚而密实的云，天空被遮盖得严严实实，置身云雾之中，能见度极差，更兼四周茂林修竹，阴暗潮湿，其景象恰似传说中的“阴间”。穿过云层，到达峨眉山最高峰金顶时，这里又是另一番天地。虽然这里也属于“阴间”的范畴，但天空却万里无云。此时站立金顶之巅，只见江山如画，山腰云遮雾裹，景象十分壮观。

站在金顶之上，有时会听到下面的云层中传来雷声，每每此时，山下的“阳间”多半会降下瓢泼大雨，这就是人们常说的“阴间”打雷、“阳间”下雨现象。

为什么会出现这种奇怪现象呢？原来，早晨太阳升起后，在热力作用下，饱含水汽的热空气开始往山上爬升，当它爬到半山腰时，由于温度降低，水汽饱和凝结形成积云。积云是低云族，它只萦绕在半山腰一带，从而将峨眉山从山腰处划分成了“阳间”和“阴间”两个区域。下午时分，积云发展到最旺盛阶段时，就有可能出现云中打雷、云下下雨的现象。因此，处于云中（即“阴间”）的人能听到雷声，但却感受不到下雨，而“阳间”的人正好在积云之下，所以常会被大雨浇得狼狈不堪。

无穷无尽的雨

在南美洲的巴拉圭，有一个颇为神奇的地方，那里的天空永远有下不完的雨。

这个神奇的地方位于巴拉圭和巴西的边境上，一条叫巴拉那的河流沿着边境蜿蜒流淌。在河流的一个拐弯处，游人来到这里均可见天空晴朗，万里无云，但站在河边，却有纷纷扬扬的雨丝扑面而来。不一会儿，游人的衣服便会被雨丝浸湿。雨丝无穷无尽，令人十分惊奇。不过，要找到雨丝的来源也很容易。在巴拉那河附近有一个著名的大瀑布，这就是瓜依拉大瀑布。河水从很高的地方直冲而下，飞溅起万千水花，这些水花形成连续不断的雾气。在风力作用下，雾气被刮到河谷地带再降落下来，便形成了无穷无尽的雨丝。

但一些无云也下雨的现象至今无人能解其中原因：1991 年 10 月 30 日，湖北长阳土家族自治县都镇湾镇宝塔村，天空万里无云，突然一束雨从天而降，不偏不倚地落在一米见方的地方，且连续好几天都是这样；1991 年 11 月 6 日 17 时 10 分，安徽省肥东县上空晴空万里，没有一丝云，可奇怪的是，天上突然下起米粒大小的雨，并持续了 1 分钟左右。

魔鬼的眼泪

明明看到天上有雨在飘，但地面上就是一滴雨的影子都看不到，这种现象是不是太奇怪了？

是呀，这种只见其影不见其身的雨，在世界许多地方都曾出现，在中国的一些地方，人们管这种雨叫作“魔鬼雨”。

吐鲁番的“魔鬼雨”

中国最有名的“魔鬼雨”，常出现在新疆吐鲁番地区。

吐鲁番大部分是沙漠地区，虽然盛产葡萄干和哈密瓜，但吐鲁番的降水非常少，年降水量只有 50～100 毫米，少的地方只有 10～20 毫米，托克逊县城一年的雨量只有 6.9 毫米——这么一点雨量，还不够沙漠里一天的蒸发呢。不但降雨少，下雨的日子更是屈指可数，吐鲁番每年平均只有 15 天下雨的日子，而托克逊还不到 10 天，其中绝大多数都是仅能淋湿地皮的小雨。

在吐鲁番，人们经常能看到这样的情景：有时天空布满了乌云，狂风怒吼，闪电耀眼，眼看着一场雷雨就要来临，但等了半天，天上的云却散了，一

滴雨都没能降下来；有时天上乌云翻滚，但地面上仍然热尘沸扬、毫无雨水淋湿的情景，此时你若举手在空中左右晃动，竟能触摸到雨丝，感觉到丝丝凉意，令人十分怪异。因为不理解，所以当地人把这种现象叫作“魔鬼雨”。

关于“魔鬼雨”，当地还流传着一种传说呢。据说很久很久以前，吐鲁番是一片水草丰美的好地方，人们在这里安居乐业，过着幸福快乐的日子。有一天，一群魔鬼路过这里，它们看到这么美的地方，立即住下不走了。这些魔鬼十分贪婪，它们张开大嘴，不但吸干了吐鲁番的河水，还把天上的降雨也吸走了。没有了雨水滋润，吐鲁番变得又干又热，成了今天的沙漠地区。而人们也把这种下到半空便被魔鬼吸走的雨称为“魔鬼雨”。

其实，这种雨并不是魔鬼雨，它在气象学上被称为“雨幡”。

“魔鬼雨”的前世今身

雨幡是指雨滴在下落过程中不断蒸发、消失而在云底形成的丝缕条纹状悬垂物，因为悬挂于云底的丝缕状条纹雨滴或冰晶，随云飘荡，形似旗幡，所以被气象专家取名为雨幡。

那么，雨幡是如何形成的呢？气象专家指出，尽管沙漠里空气干燥，但在夏季，空气的上下对流非常强烈，因此有时也可以在云中生成极大的雨滴。这些雨滴也能下到地面上来，但很多时候，雨滴在空中便被蒸发而成了雨幡。

你可能会问：雨滴怎么会在半空中就被蒸发了呢？没错，让我们来看看沙漠地区的炎热干燥情况。气象部门用相对湿度来衡量空气中含水汽的多寡，相对湿度 100% 就表示空气饱和了。沙漠地区的平均相对湿度只有 20% 左右，午后经常会低于 10% 。有时，在气象记录里，还会发现有 0% 的记载，也就是说空气中一点水汽都没有，至少是仪器测不出来。在夏天相对湿度很低的情况下洗衣服，如果你一件一件地洗，一般来说，你洗到第三件时，第一件就已经干了，真是立等可穿。

沙漠的中午，地面上的温度究竟有多高呢？在我国，70 ℃的纪录是不少见的。吐鲁番地面温度表的最高刻度是 75 ℃，可是有好几次水银柱已经远远超出了 75 ℃。在吐鲁番盆地南部沙丘的表面，曾经测得过 82.3 ℃的高温——这么高的温度，可以将鸡蛋在短时间内烤熟，当地人也经常在沙地里烤鸡蛋吃。地面温度高，靠近地面的空气温度也就跟着水涨船高了。

你可以想象一下：在又干又热的空气里，天上的雨滴能顺利下到地面上吗？当然，除了少数大雨滴能下到地面上外，大多数雨滴在空中便被蒸发了，这便是“魔鬼雨”形成的基本原理。

攀西“魔鬼雨”

除了吐鲁番，在中国川南的攀枝花等地，有时也能看到“魔鬼雨”的身影。

2006 年 8 月初，有个姓刘的驴友和几个朋友一起到攀枝花市去游玩。一天中午，他们在盐边县城附近的山头上拍照片，不知何时，晴朗湛蓝的天空被厚厚的云层遮盖起来，眼看就要下大雨了。为图个凉快，他们干脆把衣

服脱了，准备洗个雨水澡。哪知过了好几分钟，身上连一点冰凉的感觉都没有，再看地面，连一滴雨都没见到。“难道是雨停了？”他们又抬头望向天空，却分明看到雨丝在天空飘飞，几个人被惊得目瞪口呆。

攀枝花市气象局一位名叫郝培的气象观测员解释说，这种现象气象学上称之为雨幡，但她还从没观测到过这种现象，这种现象在攀枝花很少见。

难道这种现象的出现是一种偶然？晴朗的攀枝花此时虽已入秋，但室外阳光仍很炽烈火辣，空气比较干燥。说起雨幡，市区里的不少居民们都摇头称不知。而在盐边县，不少当地人却称见过类似的奇怪天气现象。一李姓当地人说，他今年见过好几次雨幡，每次都是在田里劳动时看到的。老李称，他记得上一次遇到雨幡时天气非常热，忽然间，万里晴空陡转一变，几声闷雷响过，顿时黑云压顶。不一会儿，天空中开始飘下雨丝。然而，雨下了好几分钟，地面却毫不见湿，路面仍烫得人脚底生疼。“那雨丝就在天空和头上晃动，就是落不到地面上来！”他说，整个空中飞雨过程持续了 10 分钟左右，很快便云散雨收。根据老李的说法，这种现象一年难得看到几回，因为非常怪异，所以一些迷信鬼神的当地人都把它叫作“魔鬼雨”，说是天上落下的雨被看不见身形的魔鬼吸食了。

川西南河谷地带气候比较干热，酷暑季节气温最高可达40 ℃，地表面温度更是高达70 ℃；但全年的降水量却只有600～700毫米，蒸发量却高达1 300～1 400毫米，比降水量高1倍多。正因如此，所以天上的雨在下降过程中，还来不及落到地面上，便被地面上方干热的空气蒸发完而形成了“空中雨”。因为造成降雨的只是过路的“积雨云”，所以，“空中雨”一般维持的时间都较短。

不期而至的怪雪

盛夏雪花飘飞、雪花形如米粒、白雪竟染粉色……一系列怪雪现象令人瞠目结舌。这些怪雪是如何形成的呢?

六月雪花飘飞

天气突变,雪花飘舞,气温剧降……六月降雪,十分罕见。元代戏曲家关汉卿所著的《窦娥冤》中便有"六月雪"的情节:窦娥受冤,被押赴刑场处斩,"天公"为其鸣不平,在炎炎六月天降下了鹅毛大雪。六月雪,是一种什么样的天气现象呢?

历史上,我国南方的长江流域以及福建等地都下过六月雪。江西《金溪县志》记载,1653 年,"金溪夏六月,炎日正午,忽降大雪,仰视半空,玉鳞照耀,至檐前则溶湿不见"。在福建,1661 年《建瓯县志》记有:"建瓯六月朔大寒、霜降,初四日雨雪。"在现代,"六月雪"也并不鲜见。1981 年 5 月 31 日上午,山西省管涔山区一带突然天气突变,先是凛风劲吹不息,使气温迅速下降,接着铺天盖地的中高云层慢慢移到了管涔上空,将整个天空笼罩得严严实实。临近正午,就在人们惊疑不定时,天空忽然飘起了纷纷扬扬的雪花。雪越下越大,似鹅毛般大片大片地洒落到地面。这场百年罕见的大雪一直持续到 6 月 1 日 15 时才停止,整个管涔山区大雪封山,到处一片银白。这场雪降水量达到了 50 毫米左右,雪深 25 厘米,地面积雪三天后才完全融化。

1987 年 8 月 18 日下午 4 时许,上海市也曾遭遇了不期而至的降雪天气。这天是农历闰六月二十四日,按常理正是当地最为炎热、酷暑难耐的时候,然而,纷纷扬扬的雪花不但消除了炎热,还使得人们不得不穿上了厚厚的御寒衣服。据气象专家分析,此场降雪是因为一场雷阵雨过后,3 000 米和5 000米高空的气温迅速下降至零下4 ~7 ℃,这股高空冷空气与地面大量上升的暖湿水汽相遇,冷暖空气激烈交锋,结果冷空气占据上风,因而天空降下了大量的雪花。

世界上,许多国家也出现过6月降雪的现象。1816年夏季,西欧出现了罕见的反常天气:当地6月降雪不止,积雪深达16厘米,气温剧降,导致湖水结冰,路上行人穿起了厚厚的冬装,人们不得不在家里围着火炉取暖。反常天气一直持续到8月,各种蔬菜相继冻死,田地里的庄稼遭到了严重冻害。

高纬度地区的"六月雪"现象似乎不足为奇,令人惊奇的是,热带地区也曾下过六月雪。1982年7月的一天,位于赤道附近的印度尼西亚伊里安岛的伊拉卡山区,就遭遇了历史上罕见的特大暴雪袭击,大雪整整下了20多个小时,当地气温骤降到0 ℃左右。长期生活在热带地区的当地人,从未经受过如此严寒,许多人在身上涂抹上猪油以御寒冷。

"六月雪"是怎样形成的呢?气象专家分析认为,这种反常天气现象多半是由夏季高空的强冷空气入侵造成的:在气候异常的年份,冷空气盘踞在3 000米以上的高空,使局部地区气温下降至0 ℃以下,再加上近地层有暖湿空气上升,冷暖空气相遇从而产生了短暂的"六月雪"天气。

奇异的怪雪

2006年8月2日下午,在气象台预报台风来袭之后,深圳某小区高层的居民居然看到了天空"飞雪"的奇异现象:白色的"雪花"从天而降,纷纷扬扬地洒落在阳台上、屋顶上,甚至行人的身上;空中飞舞的"雪花"约黄豆大小,在风中若柳絮飘飞,"雪花"落在树木或碰到墙壁后迅速消融,与此同时,空中还飘起了毛毛细雨。"太奇怪了,深圳怎么会下雪呢,更何况这是八月天啊?"人们惊奇不已,有的居民赶紧拿出家用摄像机拍摄。"飞雪"现象持续了2分钟后,随着风力的加大逐渐消失了。由于深圳即便冬季也几乎未下过雪,因此人们对盛夏飘雪的现象大惑不解。为解开谜团,居民们带着拍摄的“飞雪”录像赶往市气象台。气象专家认真观看录像后,经过分析核对,确认“飞雪”并不是真正的雪花,而是一种叫“霰”的天气现象。霰是一种白色不透明、近似球形米粒的固体颗粒,俗称“软雹”,它的形成机理与冰雹一样,都是在气团上升、气层较不稳定的条件下形成的。霰的外形虽然和雪有些相似,但却和雪有着本质的区别。气象专家介绍,这种天气现象在北方很普遍,在南方却很少出现,此次它在深圳“现身”,真是前所未有。

类似的“降雪”天气,在北方地区也时有出现。2005 年 1 月 4 日夜间,兰州市西固区、七里河区天降大雪,但让人感到惊异的是,落到地上的雪花呈米粒大小颗粒状,就像一粒粒塑胶泡沫。这些“雪花”落到地上后长时间不融化,而且随风滚动。后来经气象专家考察,原来这些“雪花”并不是真正的降雪,它们是雪的同胞兄弟,一种叫“米雪”的天气现象。米雪,也被人们称为“米糁”,它降自高度较低的层云,有时比较浓厚的雾中也能降下米雪来。

除了上述疑似的降雪现象外,有些地方还发生过粉雪、黄雪等现象,同样让人觉得不可思议。2006 年 3 月,俄罗斯远东地区遭遇了初春以来最大的冷气旋袭击,它使当地气温一下骤降十几摄氏度。滨海边疆区气象中心随即发出大雪警告,当地居民都在家中等待大雪的降临,然而,当大雪开始降落后,人们惊奇地发现天空中洒落的雪花竟是粉色的。大雪飘落后地面即被粉色笼罩,惊奇不已的人们纷纷走出家门,用照相机记录下了这一奇特的自然景观。与此同时,韩国也出现了罕见天气现象,首都首尔及全国多地降下了黄色的雪。

这些有颜色的雪是如何形成的呢?气象专家的解释揭开了“怪雪”谜团:初春以来,蒙古东部荒漠地区气候非常干燥,大风使当地的浮尘颗粒上升到几千米的高空,这些浮尘不断地向俄罗斯以及韩国等境内移动。当这些漂浮在高空中的浮尘颗粒与来自北太平洋的冷湿气旋相遇后,浮尘颗粒随后与水蒸气发生微小的化学作用,夹杂着浮尘的雪花便呈现出粉色或黄色,当其降落到地面后,便引起了人们的关注。

大漠飞雪非传说

我们都知道,沙漠之所以黄沙漫漫,寸草不生,最主要的原因是这里的降水实在太少了。不过,沙漠虽然降雨少,但它有时却会降下令人始料不及的大雪呢。

大漠飞雪非传说,下面,咱们一起去了解了解吧。

中东百年一遇大雪

"中东"指地中海东部与南部区域,即从地中海东部到波斯湾的大片地区。这里的气候类型以热带沙漠气候为主,终年高温炎热,干旱少雨。中东国家中,埃及可以说是热带沙漠气候的典范,该国国土面积的96%为沙漠,年均降水量只有50~200毫米。埃及人冬季别说看到下雪,就是下雨都觉得很稀奇。

不过,2013年12月,12日晚至13日凌晨的一场大雪,使埃及的大地披上了雪白盛装,首都开罗更是银装素裹,变得格外洁白绚丽。

"天啦,窗外怎么变得那么白?"13日一早,在开罗市区的一个居民小区,有个主妇起床后惊讶地叫了起来。

"没什么奇怪的,可能是今天要搞什么活动吧。"她的丈夫在床上蒙着被

子，漫不经心地回答。

“不是，外面的景物绝对不是人为布置的。”这位主妇拉开窗子，一股寒气立时钻进屋来，让她情不自禁地打了个寒战。同时，她也看清楚了：外面铺天盖地的银白是积雪！

“下雪了，下大雪了！”她激动地说，“我这辈子只从电视上看见过下雪，真实的雪景还从没看见过呢，不行，我得赶紧到大街上去。”

“下雪了吗？”她的丈夫一翻身爬起来，看到窗外的雪景，也不禁惊呆了。

据埃及气象部门数据显示，这场大雪是开罗112年来第一次下雪。可以说，几乎所有的埃及人都没有在自己的家门口看见过下雪的景象。这场大雪让他们十分震惊，很多人都在论坛、贴吧等社交媒体上晒出雪景照片，并表达自己的惊讶和好奇。小孩们当然是最高兴的，他们在雪地上追逐嬉戏，堆雪人，打雪仗，玩得不亦乐乎。

不过，高兴归高兴，这场百年不遇的大雪，给当地造成了不少麻烦。首先是交通堵塞，积雪堆在路上，对车辆和行人出行都造成了一定阻碍，埃及相关部门不得不发动市民清扫积雪；其次，融化的雪水对一些农村的房屋造成了损坏，因为当地很少下雨（即使下雨也不会很大），因此许多农村房屋都是用干泥修建的，雪水一浸，一些房屋便出现了漏水、墙面损坏甚至倒塌的现象。此外，一些老人和打雪仗的孩子也在雪地上不慎滑倒摔伤，不得不到医院就医。

与埃及相比，以色列受到的影响更大，因为该国降的不是一般的大雪，而是一场特大暴雪。12月13日一早，以色列人起床后发现自己居住的家园已被厚厚的白雪覆盖，房顶不见了，树木不见了，道路不见了……整个城市变成了一片白茫茫的世界。暴雪带来的严寒，使当地人吃够了苦头。在耶路撒冷老城的阿克萨清真寺，信徒们在冰天雪地中前来祈祷，不少人冻得瑟瑟发抖。尽管采取了积极的御寒措施，但还是有不少人被冻伤，或因寒冷患病，其中有2人死亡，成了这场大暴雪的遇难者。

据气象专家解释，中东这场大雪，是由名为“亚历克莎”的暴风雪所带来的。从 12 月 11 日起,“亚历克莎”便袭击了中东大部分地区。在它的肆虐下,这些地区出现了暴雪和强降雨,而且气温骤降至 0 ℃以下,给当地带来了很大影响。

白雪覆盖“死亡之海”

中国新疆的塔克拉玛干沙漠,被人们称为“死亡之海”,意思是不可能有生命存活。不过,在这片“生命禁区”里,皑皑白雪曾经覆盖过整个沙漠。

2008 年 1 月 17 日下午,设在塔克拉玛干沙漠中心塔中的国家气象观测台开始准备观测工作了。观测员吴新萍拿着观测簿走出值班室时,发现天空飘起了一片一片洁白的东西。

“这是什么呀?”她用手轻轻接住一片,来不及细看,洁白的东西便在她的手心融化了。

下雪了!塔克拉玛干沙漠下雪了!吴新萍抑制不住内心的激动,自打参加工作后,她还很少见到沙漠下雪的现象。她拿起笔,在观测簿上记录下了下雪的起始时间。同事们也纷纷从屋里跑出来,欣赏这难得的景象。

令小吴和同事们没有想到的是,这场雪会越下越大,越下越久。雪花持续飘舞三天之后,整个沙漠地区都被积雪覆盖了起来。昔日的漫漫黄沙不见了,代之而起的是银装素裹,美不胜收的银白大地。往日见惯了风沙的人们,情不自禁地走到广阔无边的雪地上,尽情地跑跳、玩耍起来。

雪花还在飘舞，沙地上的积雪厚度还在增加。这场雪一直持续到 1 月 27 日才停止。整整下了 11 天的雪，创造了“死亡之海”自 1996 年有气象观测数据以来降雪量最大、覆盖面积最广、温度最低三项历史极值。沙漠平均积雪深度超过了 4 厘米，而持续的降雪天气还导致沙漠温度急剧下降，最低温度突破历史极值，达到了零下 32 ℃。

在太空运行的气象卫星，拍摄下了塔克拉玛干被白雪覆盖的全景照片。根据卫星发回的监测数据，气象人员估计新疆南部的积雪面积约为 75 万平方千米，其积雪覆盖面积之大、积雪之深尤为罕见，其中，覆盖在塔克拉玛干大沙漠上的雪量，突破了自 20 世纪 80 年代新疆有卫星遥感监测数据以来的极值。

雪停了，沙漠上空的天气又变得晴好起来，金灿灿的阳光洒在广袤的塔克拉玛干雪原上，视野之内一片银白耀眼，仿佛整个大地都是白玉镶成的。谁能想到：这漫山遍野的银白世界下面，竟是令人望而生畏的死亡沙漠。

虽然艳阳高照，但由于气温较低，塔克拉玛干沙漠里的积雪融化十分缓慢。天公似乎有意使这一奇景多存留一段时间：直到当年的 2 月 1 日，沙漠里的积雪深度依旧超过了 3 厘米。奇异的景象，还吸引了不少摄影爱好者千里迢迢来到塔克拉玛干呢。

雷公电母

“死亡谷”的秘密

峡谷内湖泊盈盈，青草茵茵，鲜花盛开，十分美丽诱人，不过，进入这个峡谷的人和动物无一例外都会遭到死神的威胁：当地牧民进入峡谷，不是离奇死亡，就是莫名失踪，活着出来的人很少，而且据峡谷外的牧民讲，他们曾经听到过峡谷内传来猎人求救的枪声，以及挖金者绝望而悲惨的哭嚎声。

这个名叫那棱格勒的神秘峡谷，位于中国青海省的昆仑山区，当地人称它为“死亡谷”，也有人叫它“魔鬼谷”。

可怕的死亡陷阱

那棱格勒峡谷东起青海布伦台，西至沙山，全长 105 千米，宽约 33 千米，面积约 3 500 平方千米。从外往里看，只见峡谷里湖泊众多，植被葱绿喜人；一条湍急的河流从谷中穿行而过，奔向遥远的地方。这条河名叫那棱格勒河，发源于海拔 6 000 多米的昆仑山，而那棱格勒峡谷就处于河流的中段。

1998 年的一天，一个地质勘探队来到那棱格勒考察。在峡谷口稍作休息后，队员们背上考察用的地质包，精神焕发地向峡谷里进发。

天气很好，金灿灿的阳光洒在峡谷里，一切都镀上了一层温馨迷人的颜色。越往里走，峡谷里的草木越丰茂，而且种类也越多：结满了红色、黄色果实的沙棘、矮小的胡杨林、飘逸潇洒的红柳丛……天空中，一群群不知名的小鸟不时掠过，一时百鸟争鸣，使得谷里热闹非凡。尽管景色很美，但道路却异常艰险。地面除了动物的足迹，很难看到人走过的痕迹。队员们在荆棘、乱石和树丛中穿行，每走一步都十分小心。

很快，阳光被峡谷两边高大的山体遮住了，大片的阴影笼罩着峡谷。行走在荆棘丛生的山谷里，大家心头都有一种置身地狱般的感觉。

"哗哗哗哗",这时前面传来流水声,只见一层薄薄的浮土下面,是深不见底的暗河。

暗河若隐若现,地面似乎变得越来越松软了,有些地方脚踩上去,就好像踩在悬浮的地毯上一般,让人不由自主感到恐慌。尽管队员们都格外小心,但意外还是发生了:在一处青草茂密的开阔地,走在前面的一个队员突然一脚踏空,周围的泥土下陷,出现了一个黑洞,黑洞下面是冰冻的暗河。

"啊呀!"这个队员身体一歪,眼看就要掉入暗河中。幸亏一旁的队长眼明手快,一把将他抓住了。

通过考察,大家发现峡谷的地表下面是终年冻土,夏天表层融化,牧草覆盖,汩汩融水把地下掏空或形成泥潭,不慎踏上就会越陷越深,可以说,峡谷里处处都充满了可怕的死亡陷阱。

不可思议的雷电

地质勘探队在峡谷里考察,很快又遇到了危险。

这天中午,勘探队来到了峡谷内的一块洼地上。午餐时间到了,厨师老王搭起灶,生起火,开始做饭;队员们则三三两两地在营地附近转悠,欣赏峡谷里迷人的景色。

蓝天上飘荡着洁白浮云，身边河水潺潺流动，周围野花妖娆，一切显得平静而温馨。

“这里真是太美了！”队员们情不自禁地发出赞叹。

“轰隆隆”，话音未落，峡谷上空突然显现一道耀眼的闪电，接着响起巨大的霹雳，震得大家耳朵嗡嗡直响。很快，好端端的天气一下发生了变化：阴云低沉，狂风四起，豆大的雨粒劈头盖脸地打下来。

“危险，赶快卸下无线电天线！”队长夺过身边队员手里的无线电装置，几下把天线卸了下来。

“老王遭雷击了！”这时大家看到老王倒在地上，身上黑乎乎的，散发一股烤焦的气味。

经过一番紧急抢救，老王终于醒了过来。

“我正拿着铁勺炒菜，突然头顶上响起了轰鸣。瞬间闪电像一把利剑砍来，我手上的炒勺飞了出去，接着眼前一黑，就什么也不知道了。”回忆遭雷击的瞬间，老王眼里充满惊恐。

“好端端的天气，怎么突然一下就雷鸣电闪呢？”队员们疑惑不解。

雷雨来得快，去得也快。很快，云雾散去，峡谷又重新变得清新迷人起来。雷雨过后，勘探队展开巡视，发现峡谷深处的河边，凌乱地躺着几匹被雷电烧焦的马的尸体。

大家进一步调查后了解到：每逢大雨过后，峡谷中都会有大批野生动物抛尸荒野，且尸体旁伴有焦土。而且，峡谷中经常出现河的上游和下游滴雨不下，而中游却雷鸣电闪，大雨倾盆的奇怪景象。

揭开“死亡谷”的秘密

队员们越发小心谨慎。在峡谷里摸索着走了一阵后，队长无意间看了看手里的指南针，发现指南针竟然失灵了。

“不好，这里的磁场有问题。”大家赶紧停下来，对这里的磁场强度进行测试。

“1 000 伽码，属于强磁性！”观测人员大声报告。

“换个地方再测。”队长觉得不可思议。

队员们找了一个靠近山顶的地方测量，观测结果让大家更为吃惊。

“天啊，这里竟然有 3 000 伽码，真是不可思议！”

“这里原来存在一个强磁场，导致磁场异常的原因，一般应该是地下的岩石。”队长据此分析，“这里的岩石估计有问题。”

队员们采集了一些岩石标本进行测试，结果发现岩石标本的磁性也很强。

“这些岩石，应该是三叠纪的火山活动造成的，”队长说，“它们的主要成分是强磁性的玄武岩。”

“就是这种岩石导致了局部打雷吗？”一个队员问。

“对，一般情况下，强磁场在强带电上空的对流云或雷暴云的影响下，会使得地表的大气电场增强，从而引起放电现象。”队长解释。

“那为什么只有中游的峡谷出现这种现象，而上游和下游却相安无事呢？”

“这可能和地形有关吧，峡谷中游有高大的昆仑山耸立着，潮湿的气流一到这里，就会被阻挡抬升而形成云雨，所以中游的雷雨天气比较多。”

此后十多天，勘探队在峡谷里遭遇了不下 5 次雷击，亲眼看到一些动物被雷电击毙。通过考察，大家还发现了一个规律：峡谷里经常打雷，使得这一带的树木都无法长高，再加上降雨充沛，因此这里的牧草都长得十分茂盛。牛马等动物不明就里，经常跑到峡谷里来大快朵颐，没想到却因贪吃而成为雷击的目标。

“死亡谷”杀人的秘密被破译了，不过，峡谷里还有一些鲜为人知的秘密，目前仍没有弄清。

雷灾频发的村寨

一个高山村寨频频遭受雷电袭击，连续两年人死畜亡；气象防雷专家三次深入村寨调查，揭开雷灾频发真相；政府依据专家建议科学决策，做出村民整体搬迁的决定。

这是一个什么样的可怕村寨？让我们一起去当地了解一下吧。

沈家山上雷灾不断

四川省石棉县永和乡裕隆村五组位于大渡河畔的高山上，当地人称此山为沈家山。全组158人散居在海拔1 500米至2 000米的山脊上。

2003年4月26日下午5时，沈家山上空黑云翻滚，电光响雷十分惊人。36岁的彝族汉子沈杰民和妻子沙秀英正在盖猪圈，看到雷打得很凶，沙秀英很害怕。“赶紧回家吧。”她停下手中的活，把沈杰民拉到了屋内。

家中堂屋的火塘边，沙秀英边剁猪食边跟沈杰民说话。突然一声巨大的霹雳震得房屋颤抖，泥沙四掉，随即一团火球扑进屋内，堂屋的立柱当即被打裂，在火塘边抽烟的沈杰民一声未哼，当场便倒在了地上。“沈杰民！沈杰民！”被吓呆的沙秀英过了好久才想起去拉丈夫，然而沈杰民早已停止了呼吸。火塘另一侧，11岁的大女儿头发被烧焦，两眼紧闭昏迷在地。另一间屋内，75岁的沈母也被雷电击昏倒地，人事不省。“快来人啊！快来救救我们！”沙秀英搂住其余三个年幼的孩子，母子四人紧紧抱成一团，浑身战栗。同一时间，距沈家不远的一户村民家两头猪也被雷电击中，僵硬而死。

雷灾过后，五组村民帮助悲伤而无助的沈家处理了沈杰民的丧事，但全寨人谁也没有想到：这，仅仅是噩梦的开始。2004年4月2日17时许，隆隆雷声在寨子上空响起，突然一道闪电划过罗明全家的猪圈，只听一声巨响，猪圈里传来凄厉的猪叫声。罗明全壮着胆子到猪圈里一看,那头大白猪一边嚎叫,一边惊慌地四处转圈,而另一头黑猪早已僵死。

恐慌之中,灾难频频降临。2004 年 4 月 25 日晚上,寨子上空雷电大作。29 岁的马海河大正在母亲家看电视,见雷打得惊人,赶紧跑回了自己家中。"你带两个娃娃先睡,我看看屋里哪个地方会漏雨。"他让妻子依生姆和两个孩子先睡下,自己又查看了一遍屋内的情况后,胆战心惊地躺下了。大约 22 时 30 分左右,雷电窜入马家屋内,一阵耀眼的强光过后,床上的马海河大和依生姆、两个孩子全被雷电击中昏迷。一个小时后,依生姆才从昏迷中醒来,她伸手去拉丈夫,发现马海河大浑身冰凉,早已停止了呼吸。

四天之后,穷凶极恶的雷电又一次袭击了沈家山。4 月 29 日 20 时,寨子上空被乌云笼罩得严严实实,持续不断的雷声和闪电一次又一次地袭向地面。寨子里鸡飞狗叫,猪和羊吓得四处逃窜,满山乱跑。雷鸣电闪中,沈呷呷家突然滚进一个火球,四溅的火星将被盖引燃,待全家手忙脚乱将火扑灭后,一床被盖烧得只剩下了半截;住在山顶的沈玉武家更惨,雷电进屋后将一只木床腿当即打烂，睡在床上的沈妻一只腿被雷电击中，还麻木好多天不能下地……雷雨过后，寨子里一片狼藉，3 头猪被雷电打死，4 只鸡被烧焦；一村民家堂屋立柱上挂的杆秤被打为两截，寨子中的一株老核桃树主干被打裂，两棵粗大的杉树被打断。

持续不断的雷灾使整个沈家山处于极度的恐慌中。“那段时间，天没黑，家家就关门闭户了，晚上谁都不敢在外面走。”沈玉武说。

雷为何老打沈家山

据了解，沈家山上每年雷雨季节一到，都会遭到不同程度的雷击，1992 年山上就有几头猪被雷打死，树木等被打裂烧焦是常事，但却从未发生过人被打死的事件。

雷电打死人后，气象防雷专家专程到沈家山去作了详细调查，终于解开了雷电杀人的秘密。

经过现场调查分析，专家们发现沈家山地处山脊，气流在经过此处时由于地形的作用沿山抬升，形成雷电荷积累，极易产生雷击，而正好部分村民的住宅都建在山脊的小块平台上，加上住宅四周的森林多被砍伐殆尽，于是房屋便成了雷电袭击的首选目标。当雷电能量积累到一个临界值，一旦天气条件适宜，就极易产生雷击。而当地村民所建的住宅，正好成了雷电泄流通道，一旦有人或动物、金属物体等在通道或其附近时，由于电位差而极易形成接闪雷电通道，最终造成人身或财物损失。

专家们还同时分析了雷灾频发的另一个原因：该组在 20 世纪 70 年代中期便安装了供电线路，当时是由电力公司的安装队安装，其线路上每间隔一定距离便进行了防雷接地，所以近 20 多年来该地未受到大的雷灾。后来由于多方原因，供电线路被拆除，村民们自发架设了线路。而改建后的线路由山下沿山脊向山上架空引入，线路走向和山脊走向基本一致，且未有任何防雷措施，给雷电波的入侵提供了良好通道，所以近年来雷灾频频。此外，近年来山上的村民收入增加，购置和使用家用电器的频率增多，而且存在乱拉乱接、线路裸露过多等多种因素，给雷电袭击造成了可乘之机。

根据气象防雷专家的建议，石棉县政府做出了雷灾村整体搬迁的决定，沈家山上的人们陆续搬到山下居住，从而避免了雷电的威胁。

诡异的雷公电母

深夜的一声霹雳，她被雷电击中身受重伤，同床而眠的丈夫和孩子却安然无恙；好端端的晴天遭遇雷击，其中的秘密何在；运动场成雷电肆虐之地，潜水员水中遭遇雷击身亡……究竟还有何处是诡异的雷公电母常光临的呢？

诡异的雷击事件

1996年3月16日晚，湖南省祁阳县大忠镇上空霹雳震天。这天晚上，该镇有两兄弟睡在自家的床上被雷电击中身亡。但令人不可思议的是：两兄弟的妻子当时都与自己的丈夫睡在一起，但她们却毫发未损。

无独有偶。1996年4月的一天深夜，广西永福县广福乡风雨大作，闪电惊雷十分悚人。突然，伴随一声霹雳，一团火球直扑该乡一户人家的屋顶而去，一阵巨大的响动过后，从这户人家屋里传出了撕心裂肺的哭声：这户人家的女主人被雷电击中了。女主人的胸、腹和双腿被烧得一片焦黑，生命垂危。但令人惊异的是：她同床而眠的丈夫和孩子却安然无恙，丈夫在睡梦中被雷击声惊醒，爬起来才发现妻子人事不省。

那么，为什么会出现这种雷击现象呢？据气象防雷专家解释：天上之所以会出现打雷和闪电现象，是因为在云的不

同部位聚集了两种极性不同的电荷，使得云的内部和云与地面之间形成了很强的电场，一旦条件成熟，这些电场就会在云与地面之间、云与云之间，以及一块云的不同部位之间爆发出强大的电火花，从而形成闪电。专家指出，闪电通道内的电流可达1万到十几万安培，而闪电通道却非常狭窄，其直径仅有十几到几十厘米。因此，当其放电时，会使得电光周围的空气温度达到2万多摄氏度，在瞬间即可将人烧成灰烬。同时，由于闪电的通道很窄，只会击中地面上很小范围内的人或物体，这就是为什么同床而眠或在一起行走的几个人，只有其中一个人遭到了雷击，而其他人却安然无恙的原因。

晴空下的雷击

一般情况下，雷电都发生在积雨云满天、风雨将临的时候，不过，美国却发生过一起晴空雷击伤人的事件。

2009年夏季的一天，美国宾夕法尼亚州西部的一处公园里，11岁的小女孩贝蒂正同朋友安莉在草地上散步。这天天气很好，阳光明媚，晴空湛蓝。14时30分，公园上空仍然天气晴好，突然，不可思议的怪事发生了：只见一道电光从远处的天空扑来，随即，巨大的霹雳在公园上空响起。安莉吓得尖叫一声，一下扑倒在地。响声过后，安莉从地上爬起来，发现贝蒂倒在地上，痛苦地扭动着身子……救护车迅速赶到公园，将贝蒂紧急送到了医院。医生检查后发现，贝蒂的左肩被雷电击中，留下了一个烧伤的痕迹，此外，她的左手腕也有一个烧伤痕迹。很明显，雷电从她的左肩进入，并通过手臂，从左手腕进入了地下——当时，她的左手应该是着地的，这导致她的手臂出现了骨折现象。不过，除了烧伤及骨折外，贝蒂的身体状况总体来说还算不错，在医院治疗一周后，她便出院了。

这起雷击事件发生后，引起了人们的困惑：为什么公园上空天气晴好，贝蒂仍会遭到雷击呢？气象专家经过调查，找到了雷电的出处。原来，当天在距离公园数十千米外，酝酿着一场暴风雨。这场暴风雨强度不大，天空的积雨云范围也不广，因此并未影响公园上空的晴好天气。当雷电从积雨云中发生，并传递到公园里时，毫无防备的贝蒂便被击伤了。这起雷击事故也给人们敲响了警钟：雷雨高发季节，在户外活动时，不但要关注头顶上空有无积雨云，还要关注周边甚至是地平线是否有积雨云存在。

运动场上的悲剧

2012 年 7 月 14 日下午，中国上海浦东高行中学操场上，喊声四起，20 多人正在进行激烈的足球比赛。不知不觉，天空乌云堆积，天色很快暗了下来。下午 5 点左右，天上下起了瓢泼大雨，同时雷声隆隆，闪电惊悚。面对如此恶劣的天气，球场上的 20 多人仍然踢得有滋有味，谁也不愿离开操场。

“轰隆隆”,伴随一声惊天动地的巨响,一道闪电扑向操场,操场上有 4 名球员突然倒在地上,人事不省。“遭雷击了,快救救他们!”其他人见状,赶紧停止踢球,飞快跑到这 4 人面前,立即按压他们的胸部,帮助他们人工呼吸,有人则跑到保安室拨打报警电话。经过一番现场抢救,倒地者中有 3 人在短暂晕厥后苏醒了过来,但一个姓叶的小伙子却一直没有苏醒,送医后宣告不治。

雷电为何与运动员过不去呢?防雷专家解释,这是因为运动场一般建在空旷的平坦地区,大风容易“长驱直入”,并与运动场快速摩擦产生许多静电,而吹拂而来的上空云层也往往带有大量电荷,天上和地下构成了一个巨大的电容器,电容器内的电荷相互感应和传递,一触即发。同时,降雨将球场和球员身体淋湿,导致电阻率降低,雷电入地后会产生很强的电阻差,在球员两腿间形成跨步电压,从而使球员面临很大危险,一旦“尖端放电”,悲剧便难以幸免了。

除了运动场,打雷的时候,水中也是一个危险的地方。在美国的佛罗里达州,一位 36 岁的潜水员被雷电离奇击死:当天下午,他与其他三名潜水员一起,潜入了迪尔费尔德附近的浅海。不知不觉,海面上空天气发生了变化,闪电一个接着一个。潜水员们赶紧浮出水面,当这名 36 岁的潜水员也浮出水面时,一道闪电袭来,不偏不倚正好击中了他身上的氧气罐。这名潜水员当即被击死,此时,他距离船只只有 20 多米。这一雷击事件警示我们:打雷的时候,一定要远离水面。

大树“文身”之谜

一声霹雳过后，大树被雷电击出20多处裂口，伤痕累累的树身看上去触目惊心，仿佛被人纹出了道道花纹。

雷电为何会给大树“文身”？这其中有什么奥秘呢？

被“文身”的大树

2004年6月16日晚，河南省许昌市襄城县山头店乡董湾村一带狂风骤起，黑云压城。少顷，天空电光闪烁，霹雳惊人。21时许，伴随一声惊天动地的响声，村后的一棵桐树惨遭雷电袭击。但令人奇怪的是，雷电并未将大树击倒或者劈碎，而是将树身撕开了20多处裂口，犹如为大树“文”了身。远远看去，树身上黑白条纹分明，就像耸立在天地间的一根“龙柱”。

据树的主人介绍，该树已生长了25年，树高约11米，树身周长约2米。雷电“文身”现象发生后，许多邻近的村民纷纷跑来“看热闹”。

无独有偶。中国不少地方都曾经发生过大树“文身”的事情。2010年8月14日上午10时许，山东省胶州市洋河镇曲家芦村，一村民家院中一棵30年的槐树被雷电击中，雷电将槐树树冠部分劈断，并将其树干从上至下劈成两半，树干内部被烧焦，树皮全被炸飞，附近地面也被劈开一个大口子。多名村民目睹这一幕，所幸没有造成人员伤亡。据了解，被雷电击中的槐树高约10多米、直径约20厘米，树冠部分被整个削掉，从距地面约4米高

的树干部位，一条大裂缝向下一直延伸至根部，里面被烧焦，树皮被炸飞。被炸飞的树皮最远飞到了距离大槐树近百米的一户村民家中。当时，这个村民家院子里一共种植了 5 棵槐树，被雷击中的这棵槐树是最为茂盛的一棵。2010 年 9 月 23 日 17 时许，广东徐闻县龙塘镇龙塘村委会陈宅村发生罕见的雷击事件，当时该村天昏地暗、大雨倾盆，突然一阵雷声巨响，震耳欲聋，一道青蓝色的火花划破长空。大雨过后，村民陈燕郡走出家门，来到村西边 100 米处，见到小路边那棵木麻黄树已被雷电击毁，树枝和树身碎块遍布四周，一些树身碎块飞出 100 多米，落在村民家院内。这棵被雷电击毁的木麻黄树，已有 60 多年树龄，直径约有 1.3 米，高 70 多米，是该村最高的一棵大树。

其实，雷电为大树"文身"，是大自然中一种有趣的雷击现象。防雷专家认为，这是雷电所具有的"趋肤效应"和"热效应"造成的：当雷电击中树木时，树木成了很好的导电体，如果雷击时伴有雨水，当雨水沿树体流向地面时，越潮湿的地方，电阻越小，接触的电压也就越高，所以雨水流过的地方便成了雷电流对地泄放的最好路径；当雷电流沿树体对地泄放时，由于电流很强，通过的时间很短，在树体中产生了大量的热量，这些热量在瞬间来不及散发，便导致树木表皮内部的水分被大量蒸发成水蒸气，水蒸气迅速膨胀，产生了巨大的爆炸力，使得树体的表皮因爆破而呈条状剥落，从而出现了大树"文身"的现象。

防雷专家由此告诫大家，打雷下雨的时候一定要远离大树，因为雨水是导电的，而且大树距离雷电较近，雷电可能会自行顺着最近的大树或建筑物对大地进行放电，而闪电时的电压和电流非常强大，人站在大树下很容易被击中。

大树当"帮凶"

在雷击事故中，大树是受害者，但有的时候，受害者也会充当雷电的"帮凶”,从而给周围的住户带来灾难。

2011 年 7 月 21 日凌晨,四川省双流县太平镇的夜空电光闪烁,轰鸣的雷声响个不停。在镇子北部的庆西门街,住着几十户居民。这一排建于 20 世纪 60 年代末的房屋普遍由土砖砌成,木梁撑起屋顶,在厚厚的一层麦秆之上,又加盖了石棉瓦。谁也不会想到,“太平”了几十年的房子,会在这天夜里遭遇一场火灾。

当日凌晨 2 时许,屋外雷声大作,被惊醒的村民刘平翻身起床,将家里的电器插头一一拔掉,正当他准备继续上床睡觉时,忽然屋顶上传来“轰隆”一声巨响,仿佛在头顶上打响一样,吓得他一下愣住了。静静地等了一会儿,他才稍稍安心,准备躺下睡觉。正在这时,一股焦臭味传来,并且越来越浓,像是有东西烧起来了。刘平警觉地再次起身,隔着屋顶石棉瓦的缝隙,他隐约看到了红彤彤的火光。“不好!起火了!”他手忙脚乱地穿上短裤,赤着上身就冲出了卧室。只见火苗在石棉瓦下迅速蔓延,火光映红了天空……大火一发不可收拾,将几户村民的房屋烧个精光。

是什么引起了火灾?事后经过调查,大家发现一棵高约 15 米的香樟树有“作案”嫌疑,因为在这棵大树靠近村民家一侧的枝丫上,有明显的过火痕迹。最后,经过电力部门排查,火灾的起因被最终确定。原来,这是一起雷击引起的火灾:当晚雷鸣电闪之时,这棵高大的香樟树受到雷击,雷电通过树木传向了房屋墙上的电线,产生火花,从而引燃了石棉瓦及干燥的麦草,着火后火势非常迅猛,虽然当时天上正下暴雨,但石棉瓦恰好又把雨水挡住了,根本没法及时浇灭大火,从而酿成了火灾。

奇特的冬雷震震

“轰隆隆”，打雷了！

冬天会打雷，这可不是开玩笑吧？没错，天上确实是在打雷。冬日惊雷到底是怎么回事呢？

冬日惊雷响

冬天打雷，被人们称为“冬打雷”，这种现象十分罕见。中国古代的诗词中，就有“山无陵，江水为竭，冬雷震震，夏雨雪，天地合，乃敢与君绝”这样表达爱情的诗句。这是女子对爱人深情的表白：除非自然界最永恒的规律发生了异变，我才敢和你断绝关系。从中我们可以看出，在古人的心目中，“冬雷震震”和“夏雨雪”一样，都是违背自然规律的怪异天气现象。

不过，“冬打雷”现象并不罕见，特别是近年来，在全球气候变暖的大环境下，“冬雷震震”的现象时有出现。

2011 年 11 月 29 日凌晨，河南省洛阳市的一些市民在睡梦中被“轰隆隆”的雷声惊醒，开始人们不敢相信这是雷声，以为是哪里在倒砖块，后来看到天空出现了闪电，才确信天上真的打雷了。据洛阳市气象台的监测数据显示，这天凌晨，打雷的地方还不少呢，不仅河南境内的洛阳、三门峡、郑州等大部分地区“冬雷震震”，陕西省南部一带也出现了打雷现象。2012 年 12 月 13—14 日，江苏省南京市连续两天出现了“冬雷震震”的现象：13 日晚，南京市下着淅淅沥沥的冷雨，21 时左右，许多在室外的市民感觉到，在纷纷扬扬的冷雨中，隐约传来了雷声。只不过，这晚的雷声短促低沉，因此室内的人大都没有听到。14 日晚，雷电再次光临，这次它明显开足了马力，一时间，南京市上空电闪雷鸣，让市民们一时间有些恍惚：这到底是夏天还是冬天？

冬天打雷,到底是怎么回事呢?要弄清这个问题,首先得知晓雷电的形成原理。气象专家告诉我们,雷电是大气雷暴云中的放电现象,打雷必须具备三个条件:一是空气中要有充足的水汽,二是有使暖湿空气上升的动力,三是空气能产生剧烈的上下对流运动。夏天之所以常常雷鸣电闪,是由于受南方暖湿气流影响,空气潮湿,同时太阳辐射强烈,近地面空气不断受热上升,在上层冷空气下沉的影响下,极易形成强烈的上下对流,从而经常生成雷暴云,因此很容易出现打雷下雨天气,有时甚至会降下冰雹。而在冬天,由于受大陆冷气团控制,空气寒冷干燥,加之太阳辐射弱,空气不易形成强烈的上下对流,所以很难形成雷暴云,也就很难产生雷阵雨了。但在某些年份的冬天里,当某一时期内暖湿空气势力较强,而天气又偏暖时,一旦遇到北方较强冷空气南下,冷暖空气相遇,重量较轻的暖湿空气受到猛烈抬升,就会导致大气层结构不稳定,从而形成较强的上下对流,这时就有可能形成雷阵雨或雷雪交加的天气现象;当暖湿气流特别强,空气上下对流特别旺盛时,还有可能形成冰雹。

冬打雷兆严寒

民间通过对“冬打雷”现象的长期观察，总结出了一个规律：冬天打雷，预兆着未来天气会比较寒冷，因此有“冬打雷兆严寒”之说。民间也有“雷打冬，十个牛栏九个空”的谚语，意思是说：冬天打雷，暖湿空气很活跃，冷空气也很强烈，天气阴冷，冰雪多，连牛都可能被冻死。此外，还有“冬天打雷雷打雪”之说。“雷打雪”，指的是在降雪的同时伴有打雷现象，据专家分析，其主要原因是之前暖湿空气势力较强，冷空气来的时候，产生了较强的对流天气，从而引发了雷电活动。

“冬打雷”预兆严寒的事例比比皆是。1990 年 12 月 21 日下午，沈阳、鞍山、宽甸、丹东、岫岩等地上空黑云翻滚，铺天盖地的云把大地笼罩得严严实实，从 13 时开始，大片大片的雪花从天而降，很快大地上便白茫茫一片。奇怪的是，在大雪纷飞的同时，天空还伴随着“轰隆隆”的雷声。雷声一直没有停歇。直到傍晚，飘飞的雪花逐渐减少后，雷声才偃旗息鼓。这场“冬打雷”带来了极度严寒的天气，给当地造成了较大损失。由于下雪天打雷这种现象在当地几乎从未出现过，因此人们议论纷纷，迷信者甚众。当时辽宁的气象专家在经过深入分析研究后，对这种现象做出了科学解释。原来这次下雪天打雷是由一个发展强烈的气旋暖锋引发的：大量的暖湿空气沿着干冷空气向上爬升，冷暖空气之间剧烈交锋，由于双方力量相当，汇合十分激烈，因而产生了强烈的上、下空气对流，发展形成了雷暴云，再加上云底是低于0 ℃的冷空气，符合降雪的条件，所以出现了云中打雷、云底下雪的天气现象。

2011年11月29日晚，贵州省贵阳市普降中到大雨。当晚23时4—19分，贵阳市的市民们听到天上传来“轰隆隆”的雷声。据防雷中心的监测数据显示，当晚贵阳发生4次强雷闪击。据专家分析，这场雷雨主要是由于白天温度比较高，冷空气南下与暖空气交汇后产生对流天气形成的。这场雷雨一下，当地气温随即剧烈下降：29日14时气温为18.3 ℃，而30日14时气温仅为9.6 ℃，降幅达8.7 ℃，并且气温仍在继续下降，市民们不得不穿上了厚厚的冬衣。

不可思议的雷击

雷电不但能治愈人体的不治之症，使火箭点火升空发射，而且能烤熟冰箱里的鸭子……一场场雷击看似不可思议，但却真实发生过。这些雷击事件到底怎么回事呢？咱们一起去了解一下吧。

雷电治顽症

“轰隆隆”，雷电袭来，巨响令人心惊胆战，而闪电更是使人惊悚不安。雷电，是人类最可怕的自然灾害之一，据统计，每年夏天全世界约有2万人因遭受雷击而丧命。不过，一些雷击却不可思议：有的人遭受雷击后非但没有毙命，反而在受到雷击的瞬间治愈了不治之症。

在法国南部的小镇上，有一位开旅馆的老板。这位老板是一个风湿病患者，他看过很多医生，都无法治愈，相反，风湿病越来越严重，到后来，他的手脚不能动了，每天只能躺在床上。夏季的一天，老板被家人抱到门前的躺椅上晒太阳。不知不觉，天气发生了变化，小镇上空雷电大作。老板想回到屋里，但手脚不听使唤，而家人们此时都在楼上为客人们服务，无暇顾及他。突然一道闪电袭来，一下击中了躺椅。老板闷哼一声，双眼紧闭，昏迷过去。家人及邻居赶来，都以为他可能受了重伤。不料，老板苏醒过来后，竟一下从躺椅上站起来，快步向屋里走去。事后经医生检查，发现他的手脚已经康复如初。

与这位法国老板相同遭遇的，还有一位英国中年男子。这位英国肯特郡的中年男子因为瘫痪，在床上躺了20年。一天，一道闪电击中了这位男子的房屋，正当人们以为他已经遇难时，不料这位男子却从自己家中走了出来。大家以为遇到了鬼魂，吓得赶紧逃跑。后来经医生证实，该男子的身体已经恢复健康，可以行动自如了。

印度也有一位双目失明的老人，在雷击中幸运地重见光明。此前，这位老人患了白内障，导致双眼失明。1980 年夏季的一天，天空阴云密布，风雨欲来。老人正在家中睡觉，突然，一个巨大的闷雷响起，电光一下窜进他家窗户，击中了床上的老人。一瞬之间，老人感觉脑子震动了几秒钟，之后便昏睡了过去。第二天，他一觉醒来，惊喜地发现自己已重见光明。

雷电为什么能给人治病呢？这个问题目前还没有科学的解释。

雷电“发射”火箭

火箭是人类征服太空的高科技产品，依靠火箭牵引，卫星才能上天，宇宙飞船才能遨游太空。不过，这一高科技产品也遭到了雷电的挑战。

1987 年 6 月 9 日，位于美国弗吉尼亚州瓦罗普斯岛的发射场上，五枚火箭的箭头直指苍穹。这五枚火箭是小型试验火箭，它们将于当天傍晚发射升空。工作人员正在进行紧张测试，做火箭发射前的最后工作。傍晚 19 时许，火箭即将发射升空，可雷电突然降临了，发射场上顿时电闪雷鸣。工作人员赶紧中止了发射，不料，“轰隆”一声巨响之后，三枚火箭的点火装置被雷电击中，让工作人员瞠目结舌的景象出现了：火箭竟然点上了火。其中，两枚已进入发射状态的火箭很快冉冉升空，它们在预定轨道上呈 75°角，飞行了 4 千米左右后坠毁，而另一枚尚未进入发射状态的火箭，点火后只射出

100 米左右便坠入了大西洋——一场雷击，导致三枚火箭瞬间坠毁，这成了美国航天史上继“挑战者号”航天飞机空中爆炸后的又一罕见事故。

雷电不但挑战人类的高科技，而且还会表演令人不可思议的魔术。1962 年 9 月，美国艾奥瓦州遭到雷雨的袭击，雷电窜进了该州一个餐馆里，上演了一场令人目瞪口呆的“魔术”。当时餐馆的房间里放着一张大餐桌，餐桌完好无损，雷电似乎对它毫无兴趣，不过，餐桌上放着的一叠菜碟却遭了殃。这叠菜碟一共 12 个，每隔一个被雷击碎一个，总共有 6 个被击碎，餐桌上、地面上遍是菜碟碎片，然而，没有击碎的菜碟仍叠放着，令人不可思议。有人分析，这 12 个菜碟叠在一起，组成了一个类似电容器的东西，在大气的强烈电场作用下，使得一些菜碟被击碎。不过，对这种怪现象，至今无人能做出令人信服的科学解释。

雷电烹烤鸭

在雷电袭击事件中，最不可思议的现象，非雷电烹烤鸭莫属。

由于特殊的地理环境，美国是全世界雷电最多的国家之一。在美国一个叫龙尼昂威尔的小城，曾经发生过一件雷电侵袭造成的搞笑事。这年夏季的一个下午，龙尼昂威尔上空黑云翻滚，雷鸣电闪，一位叫凯丽的主妇当时正在市场上买东西，眼看一场暴风雨即将到来，她匆匆忙忙往家中赶去。到家后，凯丽将买好的菜清洗干净，准备放入冰箱贮存。不料她打开冰箱，一股烤肉的香味扑鼻而来，仔细一看，冰箱里的烤鸭、烤肉等熟食品正冒着热气。凯丽大吃一惊，因为她清楚地记得，这些东西是昨天她亲手放进去的，并且放进去时完全是生的。是谁把鸭子和肉烤熟了呢？凯丽百思不解，她怀疑有人在暗中捣鬼，于是立即报了警。后来，经过科学家研究才明白，原来这是球状闪电开的玩笑（关于球状闪电，后文将详细讲解）：它竟然钻到了冰箱里，刹那间把冰箱变成了电炉，不过，奇怪的是冰箱竟没有损坏。

雷电帮厨,典型的例子还有一个:1963 年 10 月 3 日,英国伦敦雷雨交加。突然,一个球状闪电落入一户居民家中。它进入房间后,先是烧焦了窗框,最后滚到一个装满 4 加仑水的桶中,将桶中的水烧开,并且使水沸腾了好几分钟。

神秘的球状闪电

什么叫球状闪电？简单地说，球状闪电就是一个呈圆球形的闪电球，它是闪电的一种，民间一般叫它“滚地雷”。

球状闪电一般很少出现，相对于普通闪电来说，它显得有些神秘莫测。下面，咱们一起揭开这个“滚地雷”的神秘面纱吧。

乱窜的火球

早在古希腊时代，人类就开始留意球状闪电这种奇特的天气现象了。中国北宋时期，有一位著名科学家叫沈括，他在自己的著作《梦溪笔谈》中，记述了一次球状闪电的实况：当时天空墨云翻滚，霹雳震得大地微微颤抖，闪电更是照亮了天地，突然，伴随一声巨响，一团火球从天而降，滚进了城中心的一户张姓人家中。火球自天空进入“堂之西室”后，在惊慌失措的张家人注视下，又从窗间檐下而出，雷鸣电闪过后，这户人家的房屋安然无恙，但墙壁和窗纸都被熏黑了。

沈括记载中所说的“火球”，便是现代人所说的球状闪电。今天，关于球状闪电的消息和报道比比皆是。

1956 年夏季的一个正午，在苏联的某个集体农庄，两个孩子正在牛棚里躲雨。突然，头顶上方传来一声巨响，紧接着，他们看到房前的白杨树上滚下一个橙黄色的火球。火球燃烧着，直接向两人滚过来。年龄较小的孩子吓得抱住头，蹲在地上一动不动，而较大的孩子眼看火球越来越近，壮着胆子，飞起一脚踢了过去。“轰隆”一声，火球被踢进牛圈，并且立即爆炸了。牛圈里关着的 12 头牛，一下被炸死了 11 头，而爆炸产生的气浪也将两人震倒在地，所幸的是，他们并没有受伤。事后，人们才知道那个火球便是罕见的球状闪电。

1981 年 1 月的一天,苏联的一架客机正在黑海附近上空飞行。突然,一个大火球闯入驾驶舱,发出“噼噼啪啪”的爆炸声,正当驾驶舱里的人们惊慌不已时,火球又一下穿过密封的金属舱壁,出现在乘客的座舱里。它在座舱过道里滚动前行,令乘客们惊恐不安,大家注视着那个火球,不知道接下来会发生什么灾祸。不过,火球没有让大家担心多久,它在舱里戏剧性地表演一番后,发出不大的声音,很快离开了飞机。事后检查,机头机尾的金属壁各出现一个窟窿,但内壁却完好无损。

1997 年 7 月 14 日下午,中国江苏省的北部沛县,一个小孩正在路上行走,突然,一个火球从天而降,径直砸向小孩。“快跑啊!”旁边的邻居急得大喊,小孩醒悟过来,紧跑几步,幸运地避开了火球的袭击。火球落地后发生爆炸,幸运的是,小孩和周围的邻居都没有受伤。

1999 年 3 月 16 日下午,中国湖北省北部的枣阳市闪电频发,雷声惊天。一个巨大的霹雳响过后,当场造成了 9 人死亡、20 余人受伤。据调查,这起罕见灾害的罪魁祸首正是球状闪电,因为据目击者描述,雷击现场出现了一片红光,而这正是球状闪电的特征。

2007 年 8 月 21 日傍晚,中国广东省广州市海珠区赤岗路一带雷电交加,“一团闪电”从天而降,把目击者惊得发呆。据目击者回忆,那道闪电像一个很大的火球,发出很强的蓝绿色光,还震坏了不少居民家的电器。

2008 年夏天的一个傍晚,北京市顺义区上空雷声大作。突然,天上掉下一个足球大小的橙色光球。光球落入一户农家院内,房屋主人还未反应过来,光球已在距地面两米左右爆炸,发出一声巨响,向四处放出弧状光,几秒钟后,光球消失不见,房屋主人查看爆炸位置的地面,但地上却没有一丝痕迹,一切就像没有发生过一样。

专家解析球状闪电

球状闪电之所以神秘，是因为它并不常见，这种火球缥缈的行踪、多变的色彩和外形，以及刹那间爆发的巨大破坏力，都让人类感到迷惑不解。

专家指出，球状闪电其实是闪电形态的一种，亦称之为球闪。球状闪电的平均直径为25厘米，大多数在10～100厘米之间，小的只有0.5厘米，最大的直径达数米。人们常常看到的"火球"，颜色呈橙红色或红色，当它以特别明亮并使人目眩的强光出现时，也可看到黄、蓝、绿、紫等颜色。此外，它偶尔也有环状或中心向外延伸的蓝色光晕，并发出火花或射线。球状闪电的寿命一般较短，最短的只有1～5秒，也就是一眨眼的工夫，它就消失不见了，偶尔也有"长寿"的，持续时间可以达到数分钟——一旦遭遇这种球状闪电，可以说是一场噩梦，因为身边有个圆溜溜的火球绕着你转，那滋味可不是好受的。

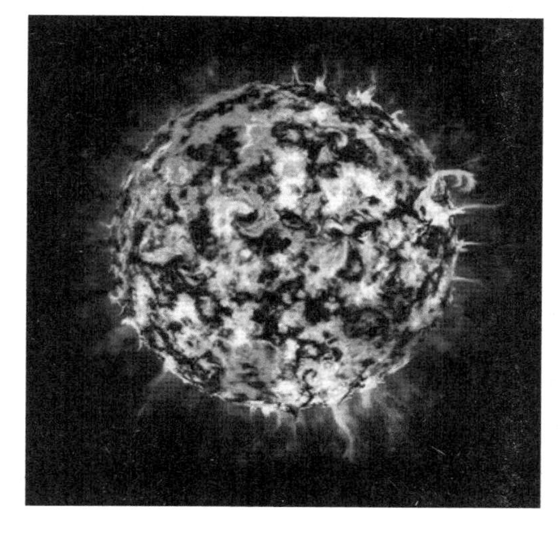

球状闪电的行走路线很独特，它们先是从高空直接下降，像天外飞仙来到人间，接近地面时，这些家伙突然改变方向，变成了水平移动：它们有的突然在地面出现，弯曲着身子前进，有的旋转身子，沿着地表迅速滚动。球状闪电的运动速度常为每秒1～2米，它们可以穿过门窗，像小偷般悄悄进入室内，常见的方式是穿过烟囱后进入房内。多数火球还算比较规矩，它们进入室内后无声消失，不会打扰主人，还有的则在消失时发生爆炸，给主人家造成破坏，甚至造成建筑物倒塌，导致人和家畜死亡。

由于球状闪电出现的频率很低，难以做系统的观测，至今也没有人拍摄到高质量的照片。科学家推测，球状闪电是一种气体的漩涡，它们产生于闪电通路的急转弯处，是一团带有高电荷的气体混合物，主要由氧、氮、氢以及少量的氧化氢组成。如果你见过球状闪电或拍到它的照片，一定要把所有资料记录下来，因为那是科学家研究球状闪电的宝贵资料。

天啸地动

来去无踪的狂风

一阵狂风过后，上千棵大树齐齐从中间折断，而小树却安然无恙；狂风偷袭，飞机像被施了魔法般失去控制；狂风咆哮，雷电交加，但短暂持续时间过后天空又晴朗如初。

这些狂风，为何如此来无影去无踪呢？

诡异的下击暴流

2007 年 7 月 25 日凌晨 3 时许，湖北省武汉市黄陂区蔡店乡上空雷声大作，闪电将天空照得亮如白昼，紧接着，天地间突然刮起了一阵剧烈的大风，大风持续了 10 多分钟。怪风所过之处，大树纷纷从中间折断，在茂密的树林中形成一条宽约 400 米、绵延近 2 千米的“通道”。从山顶俯瞰，倒伏的林带像被理发电剪推过一般。经初步统计，全乡被大风吹倒刮断的大树共有

1 100多棵。此外，该乡还有38间土坯房倒塌，3家石材厂的厂房受损，吹倒芦笋大棚面积约500亩*，直接经济损失50多万元。

但令人感到奇怪的是，大风所过之处，大树纷纷遭殃，无一幸免，而小树们却安然无恙，丝毫没有受灾的痕迹。

事发后，当地人议论纷纷，有人分析认为，这种现象是龙卷风所为。但当地气象专家经过实地勘查后认为：树全朝一个方向倒伏，风力极大，不可能是龙卷风所为。经过仔细分析，气象专家认为导致千棵大树同向倒下的怪风，是一种叫"下击暴流"的天气现象。

下击暴流，是一种多出现在夏季的灾害性天气，指一股在地面或地面附近引起辐散型灾害性大风的强烈下沉气流，水平尺度为4～40千米，尽管它活动的范围较小，但风速最高可达75米/秒，一旦出现便能造成严重灾害。据专家解释，事发当日，蔡店乡上空乌云密布，整个云层里空气对流非常强烈。凌晨，一股冷空气突然从万米高空以极快的速度俯冲下来，并朝低气压区流去，从而形成了一股强大的水平风。剧烈的大风从树丛之间狭窄的通道刮过，将大树全部吹倒或折断，而小树们因为"个头"较矮而幸免于难，安然无恙。

下击暴流除了造成地面灾害外，还是航空飞行的大敌。1985年8月2日18时左右，美国达美航空191航班客机正在飞行，突然粗大的雨点猛烈打在飞机舱面上，同时一股怪风袭来。2秒钟后，飞机失去控制，最终坠毁，造成135人死亡，23人受伤。事后经过专家多方面的调查分析，查出了191航班的无形杀手正是下击暴流：当飞机穿越下击暴流时，首先遇到了强的逆风，这时飞机的空速增加，升力增大，飞机在过大的升力作用下，开始偏离预定的下滑航迹上升；当飞机飞近下击暴流中心时，逆风渐减至零，且突然遇到了强的下冲气流，使飞机的仰角减小，升力突然减小；在飞机飞越下击暴流中心后，下冲气流又转至强的顺风，使飞机的空速减小，升力也随之减小，

* 1亩≈0.067公顷，下同。

飞机继续下掉高度，并偏离预定航迹俯冲；由于此时飞机离地面的高度很低，或因为飞行员操纵过度而失速，从而造成飞行灾难。

神秘的飑线

与下击暴流相比，有一种突发的天气现象更为怪异，它一到来，便狂风咆哮、雷电交加、气温剧降，如一条鞭子在大地上猛烈抽打，短暂的持续时间过后，雨过云收，天空放晴。

1974年6月17日上午，南京地区艳阳高照、晴空万里，午后，少量的白云像一个个馒头，姿态优雅地飘浮在蔚蓝色的天幕上。就在人们尽情地享受晴好天气时，下午18时左右，北边的天空突然出现了一堵高耸黑厚的云墙。云墙翻滚，如千万匹脱缰野马，在天空中尽情奔驰、跳跃，并以惊人的速度向头顶的天空倾轧而来。大地上闷热异常，一切生物都在寂静不安中等待灾祸的到来。转瞬之间，高耸万丈的云墙奔涌至头顶上空，天地间一片昏暗，狂风骤起，霹雳震天，大雨接踵而来。据气象观测记录表明，当时的瞬间风力达到了12级以上，短时间内气温下降了11 ℃，相对湿度上升了29%，短短1小时降水量达到了34毫米。就在人们惊恐不安时，剧烈天气却在持续一个半小时之后突然偃旗息鼓，像急刹车似的消失得无影无踪。黑云散尽，天空重又放晴。

这种奇怪的天气现象令人大惑不解，经气象专家解释，人们才知道南京地区原来遭受了一种叫飑（biāo）的天气袭击。飑也称之为飑线，它是指风向突然改变，风速急剧增大的天气现象。飑出现时，气温下降，并可能有阵雨、冰雹等。1996年夏季的一天晚上，四川省雅安市也遭受了飑线的袭击：

晚上21时许,雅安市上空云淡风轻,玉盘般的月亮高挂在天幕上,露天院坝中,人们惬意地喝茶聊天,谁也没有预料到一场威力巨大的暴风骤雨即将来临。月上中天,一堵厚重的云墙悄悄移至雅安上空,转瞬之间,整座雅安城如坠入地狱之中,狂风骤起,暴雨倾盆,突如其来的剧烈天气令人们避之不及。狂风骤雨持续了大约一个小时,突然鸣金收兵,黑云散去后,月光重新照耀大地,而此时地面上一片狼藉,随处可见被大风吹折的树枝和残败的树叶。

飑线是如何形成的呢?气象专家解释,飑是积雨云强烈发展而造成的:当积雨云发展到十分强大时,就会形成一个温度又低、气压又高的冷性雷暴高压,这个冷高压不断向前推进,当移到暖空气控制的低压区时,冷、暖空气剧烈交锋,于是形成了飑线这一罕见的天气现象。专家指出,飑线前部的阵风非常猛烈,可以吹倒建筑物,损坏在停机坪上的飞机,毁坏大面积的庄稼等。强烈的飑线发生在水面上时,不仅可以掀翻船只,还会掀起大浪,给岸边的人们带来洪水灾害。

诡异的酷热怪风

大风，一般会带走热量，使所到之处气温下降。但2009年2月12日，四川南部的宜宾、泸州等市的部分地方却出现了怪事：大风狂吹，气温却节节攀升，特别是宜宾的筠连县更是1小时内气温升高了10 ℃。诡异狂风不但造成四川南部多处出现森林火险，而且在当地群众中引起了极大恐慌。

这一反常的“怪风”，是一种什么样的天气现象呢？

神秘的怪风

2009年2月以来，四川南部连续多日晴热无雨，气温比常年显著偏高。12日16时，一股神秘的怪风开始吹拂川南大地。

“当时就感觉这风有点怪，吹在身上不觉得凉爽，反而有些热乎乎的。”筠连县双滕镇的村民李大爷奇怪起来：活了一大把年纪，还从没遇到过如此怪风。风越刮越大，气温也越来越高。大风刮倒了路边的广告牌，把地上的枯枝败叶卷在空中旋转飞舞。风吹在人们脸上，感觉非常干燥，热浪一阵接一阵地袭来。耐不住炎热，上午还穿着棉衣、羽绒服的人们，纷纷脱下了厚厚的冬衣，穿上了夏天才穿的短袖T恤和衬衣；冷饮店的生意突然一下红火起来，大人和小孩都争着买雪糕解渴；在炙热的大风吹拂下，川南各县森林火险和火情不断出现，到处浓烟滚滚，烟尘蔽日。

到17时，筠连县的气温达到了最大值，一下从16时的26 ℃升高到了36 ℃，1小时气温骤然升高了10 ℃！而风速也由16时的2米/秒增大到17时的12米/秒，其中局地瞬间最大风速更是达到了27米/秒，相对湿度也由50%降到了9%，空气变得又干又热，让人感觉很不舒服。但接下来的一个小时，怪风突然“失踪”，气温又像坐过山车一般下降，在18时降到了

23 ℃——仅仅 2 个小时，筠连县居民便感受到了从春到夏，再到秋的三种天气。

关于怪风的猜测

“不好，要出大事了！”2009 年 2 月 12 日当天，在怪风猛刮、气温剧升之时，筠连县的居民感到世界末日仿佛就要到来，大家纷纷跑出家门，聚集到县城的空旷地带。人们头脑中出现的第一个念头：要发生大地震了。

2008 年 5 月 12 日，四川汶川发生了特大地震，宜宾市也感受到了强烈的震感。之后的半年多时间内，主震区余震不断。尽管距离汶川有几百千米之遥，但筠连县的居民仍时常处于紧张状态之中，突如其来的怪风现象，让大家一下就联想到了大地震。很快，大地震的传言便在短时间内不胫而走，且传到了周边相邻的几个县城，一时人心惶惶，群情骚动。

除了地震之说，当时还有人认为可能会发生火山喷发。“因为风太热了，我们觉得是不是地底下的熔岩要喷发，才导致了温度快速升高。”当地的一些居民说，“如果是火山喷发，那可能全县的人都逃不掉了。”

也有人试图从科学的角度去解释怪风，认为这是一种叫“干热风”的天气现象。因为在四川的一些山区，干热风并不鲜见，一般情况下暖湿空气沿山坡上升，翻山后进入另一面山坡后，往往会变得又干又热。但在四川南部山区，干热风即使出现也是在 4 月和 5 月，而且空气温度增幅不超过 5 ℃。

那么，怪风究竟是什么呢？在接到筠连等县气象局的观测报告后，气象专家经过认真分析，判定这是一种叫“焚风”的天气现象。

怪风形成的原因

焚风，是过山气流在背风坡下沉而变得干热的一种地方性风。其实，焚风并不神秘，它在世界很多山区都会出现，尤以欧洲阿尔卑斯山、美洲落基山、亚洲高加索山脉的最为有名。阿尔卑斯山脉在刮焚风的日子里，白天温度可突然升高20 ℃以上，初春的天气会变得像盛夏一样，不仅非常炎热，而且十分干燥，导致森林火灾不断发生。强烈的焚风吹起来，能使树木的叶片焦枯，土地龟裂，造成严重旱灾。在我国，焚风也属常见，如天山南北、秦岭脚下、川南丘陵、金沙江河谷、大小兴安岭、太行山下、皖南山区等都能见到其踪迹。

那么，焚风是如何形成的呢？

焚风的形成，是由于气流越过高山，出现下沉运动造成的。从气象学上讲，当一团空气从地面升到高空时，每升高1 000米，温度平均要下降6.5 ℃；相反，当一团空气从高空下沉到地面时，每下降1 000米，温度平均升高6.5 ℃。这就是说，当空气从海拔4 000～5 000米的高山下降至地面时，温度就会升高20 ℃以上，这么高的温度变化，很快就会使当地凉爽的环境变得炎热起来。这就是“焚风”产生的原因。

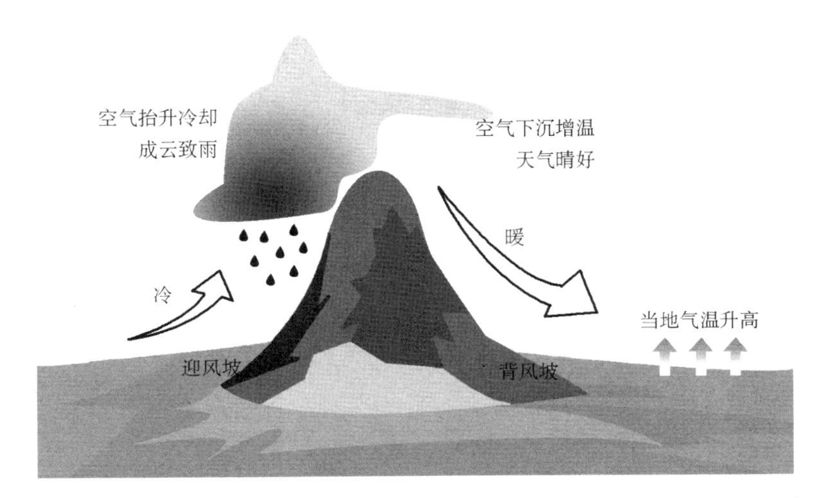

回过头来看四川南部焚风的形成，四川南部属丘陵浅山区，它的南面是平均海拔1 900米的云贵高原，北面是平畴千里的四川盆地，平均海拔仅几百米，特别是筠连县，其境内的最高山脉海拔在1 700米左右，但县城海拔却仅有400米左右。因此，云贵高原的气流经常下沉进入川南地区。不过，在正常情况下，这样的下沉气流不会形成“焚风”，反而会形成降雨。此次之所以产生“焚风”,罪魁祸首是西南气流,这股来自印度洋的气流,一般情况下温暖湿润,总是会携带大量水汽,但此次西南气流却很异常,湿度显著偏小,干热特征明显,再加上川南连续多日出现晴热高温天气,气温持续攀升,湿度降低。因此,这股气流越过云贵高原后,在川南一带如洪水般倾泻而下,干热的空气加上下沉时增加的温度,使得川南一带的气温很快上升,特别是筠连县由于海拔相差悬殊,温度增加更为剧烈,从而出现了焚风现象。不过,焚风来得快,去得也快,随着下沉气流的逐渐减弱,热源中断,当地的气温很快又会恢复正常了。

魔鬼城的呼号

大风起时，整座“城堡”风声鹤唳，鬼哭神嚎，恐怖景象令人不寒而栗。“城堡”里究竟藏着什么样的秘密呢？让我们一起，到新疆的魔鬼城去探秘一番吧。

荒原上的恐怖怪声

19 世纪末的一天，在中国新疆北部的荒原上，几匹骆驼响着驼铃，在大漠深处艰难前行。

骑在骆驼背上的，是瑞典有名的旅行家赫文·斯定。他和向导在荒原上行走了几天后，发现前面影影绰绰地出现了一大片建筑。

“那是什么呀？”只看了一眼，斯定便情不自禁地叫了起来，“前面有一大片城堡，莫非，咱们又遇到了海市蜃楼？”

“城堡？”向导愣了一下，努力向前看去，果然看到前方隐隐约约有一片城堡状的建筑物。

“斯定先生，那不是城堡。”向导仔细辨认一番后，摇了摇头。

终于走近了“城堡”，呈现在他们面前的，是一个令人震惊的世界：大片大片的土丘高高矗立，宛如大大小小的城堡。进入“城堡”之中，只见土丘形状千奇百怪，它们有的龇牙咧嘴，状如怪兽；有的危台高耸，垛蝶分明，形似古堡；有的似亭台楼阁，檐顶宛然；有的像宏伟宫殿，傲然挺立。

“斯定先生，咱们快走吧，否则到了晚上，这里就会有魔鬼出来活动。”向导显得有些紧张。

“这里有魔鬼活动？”斯定哈哈大笑。

“是啊，当地人把这里叫作魔鬼城，晚上可恐怖了。”向导说。

“是吗？那咱们今晚就在这里宿营，见识一下魔鬼有多恐怖吧。”斯定不但不害怕，反而激起了强烈的好奇心。

无论如何劝说，斯定都坚持要在城堡过夜，向导只好选了一块土丘，把驼队安置下来。

太阳落下，夜幕徐徐拉上后，魔鬼城很快笼罩在神秘怪异的氛围中。这时，大片大片的黑云移到城堡上空，将整个城堡严严实实地遮盖起来。昏暗的夜色中，奇形怪状的土丘、“城堡”若隐若现，仿佛一只只怪兽，令人毛骨悚然。

由于白天太疲劳了，斯定和向导在土丘休息片刻后，不知不觉睡了过去。

“呜呜呜呜”，半夜时分，一阵阵恐怖的声音在城堡上空响起，惊醒了斯定。他迷迷糊糊睁开睡眼，只见大风骤起，魔鬼城到处飞沙走石，仿佛无数魔鬼正在城堡里肆虐。

“魔，魔鬼来了……”向导哆嗦着跪在地上，祈祷起来。

“我倒要看看这些魔鬼长什么样。”斯定拿起手电，试探着在城堡里走动。

微弱的光亮下，整个城堡显得十分恐怖。到处都是鬼哭狼嚎的声音，但斯定却不知道这些声音是从哪来的。风沙吹打在脸上，让他感觉十分疼痛。

“呜呜呜呜”，恐怖声不绝于耳，声音越来越大，令人不堪忍受。

“难道真的有魔鬼？”斯定心里也有些恐慌起来。他赶紧回到驼队身边，与向导一起，紧紧依偎着驼队，惊恐不安地等待黎明的到来。

可怕的夜晚终于过去，大风渐渐停止，“魔鬼”的声音也慢慢消失了。

天明之后，斯定和向导赶紧离开了魔鬼城。后来，斯定在他所写的游记中多次提到了“魔鬼城”，引起了很多人的好奇和关注，在他之后，一批又一批的探险家来到“魔鬼城”，试图揭开恐怖怪声之谜。

揭开魔鬼城怪声之谜

斯定他们遇到的“魔鬼城”，位于新疆准噶尔盆地的中部偏北，克拉玛依市东北的乌尔木镇附近。“魔鬼城”坐落在海拔300～400米的山丘上，面积约60平方千米。整座城堡呈赭红色，城内“房屋”建筑鳞次栉比，“街道”布局井井有条，但令人奇怪的是，偌大的城内空空荡荡，无一人居住。在无风的日子里，偶然路过的人们来到“城”内时，死寂般的沉静让人不由不心生恐惧。然而，更令人恐惧的是大风刮起之时。

在过去的一个多世纪里，曾经有一拨又一拨探险的人来过“魔鬼城”。在有关“魔鬼城”探险的文字记载中，人们都对“魔鬼城”的恐怖景象记忆犹新：据说20世纪90年代初，一对外国夫妇到“魔鬼城”探险，并准备在“城”内住宿一晚。结果第二天天还没亮，他们便惊恐万分地跑了出来。“太恐怖了，那种声音让人的身心无法忍受！”

“魔鬼城”所在的地方，是我国大风日数最多的地区之一。每当大风刮起时，猛烈的强风在“城”中到处肆虐，并在“街道”上左旋右转，风过之处，各种各样的怪叫声响彻一片，不绝于耳，真有点像神话中魔鬼的狂嗥，听起来叫人心惊肉跳。特别是在夜幕降临或狂风暴雨来临之际，乌云飞集“城头”，群岗昏暗，“街衢”迷离，各种奇形怪状的山丘、“城堡”隐隐约约，似怪兽只只，跃跃欲起，大有“风雨压城城欲摧”之势。

那么，“魔鬼城”是如何形成的呢？大风起时，“城”内又为什么会发出怪叫声呢？

其实，“魔鬼城”并非是座城，也非魔鬼所造，而是由千百万年来的风力所塑造，地质学上称为雅丹地貌的风蚀城堡。气象专家分析，由于准噶尔盆地在地质时期曾经有过一段干热的气候，岩石在高温干燥的环境下，氧化成赭红色。这种岩石在长期的风化、风力磨蚀、重力崩塌，以及流水的溶蚀、切割等综合作用下，加上各岩石自身之间在硬度上和其他性质上存在着差异，

因而形成了一些平台、方山、峰林、石谷以及针、柱、棒状等特有的地貌景观。这些残余的平顶小山,状似颓废破败的城堡,或像断壁残垣的建筑物,所以被当地人说成是“魔鬼城”了。专家指出,这种因风化、水蚀而形成的奇特地貌现象,在四川的凉山、甘孜、阿坝等地也很普遍,如凉山州盐源县因风化、雨水侵蚀而形成的“公母山”,就是其中典型的一例。

至于“城”内为何发出令人毛骨悚然的怪叫,专家解释:每当大风刮起时,风穿越过众多的“断壁残垣”,必然会激起回声,由于这些回声的频率高低不一,因此就形成了各种各样的“叫声”,而成百上千的“狂叫声”连成一片,便令人毛骨悚然,不寒而栗了。

猎塔湖的水怪

在四川省九龙县城附近的山上，有一个叫猎塔湖的高山湖泊，多年来，湖中频频出现怪物，搅得当地纷纷扬扬。一批又一批的猎奇者为此不远千里来到九龙县，争相目睹怪物，并试图揭开它的神秘面纱。

那么，湖中怪物究竟是什么？它是不是人们传说中的“水怪”呢？

一个十分寻常的湖泊

九龙县，是青藏高原东侧的一个高原小县。猎塔湖所在的景区距县城 15 千米，景区内的众多湖泊（当地人叫“海子”）平滑、光亮，像一面面巨大的镜子。猎塔湖，便是这众多湖泊中的一个。湖泊面积只有 1 平方千米左右，站在湖边的高地上，可以将整个湖面一览无余。然而，就是这样一个看似寻常的湖泊，却屡屡出现了不可思议的“怪物”，令当地人谈之色变，众多游人闻讯纷至沓来，科学工作者也前来解谜释惑。

猎塔湖里有水怪的传说，在九龙县已经有很长时间的历史了。

在九龙县一个叫吉日寺的喇嘛庙里，保存有一本千年流传的藏经，经书上赫然记载猎塔湖里有宝物！至于是什么宝物，经书里没有说明，也没有过多的描述。然而，正是这一记载，激起了人们探索的激情和寻宝发财的欲望。千百年来，一批又一批的人来到猎塔湖寻宝和探秘，但谁也没有找到真正的宝物，他们中的一些人，倒是遇到了令人匪夷所思的“水怪”，并感受到了极大的恐惧。

那么，这个“水怪”到底是什么模样呢？

众说纷纭的水中怪物

湖中的水怪虽然被传千百年前就已经存在，但真正引起人们广泛关注却是近年来才出现的事情。

过去，猎塔湖一带由于沟壑密集，森林茂密，平时鲜有人来。1994 年的一天，有个当地人偶然来到猎塔湖边采摘蘑菇。正当他采摘甚丰时，突然之间，湖面上风生水起，天气突变，随着一声巨响，一个神秘怪物从湖中突然出现。据他讲述，那怪物长得像远古时代的恐龙，模样十分可怕。几天后，好奇的人们在他的带领下来到湖边，结果在浅滩上发现了一些凌乱的牦牛尸体。“这地方没有出现过大型野生肉食动物，牦牛肯定是被水怪吃了！”人们惊骇不已，相互转告，于是水怪的传说不胫而走。

此后，一批又一批的猎奇者来到猎塔湖，都想一睹水怪的真实面目。1998 年，有个当地人在猎塔湖边苦苦守候，终于用摄像机拍摄到了一个神秘现象：平静清澈的湖中突然出现浪花，浪花像车轮一样，把水搅成逆时针方向旋转的旋涡，而旋涡底下好像有生物在移动，几分钟之后，这一现象消失，整个湖面又恢复了平静安详。这段录像流传出去后，猎塔湖名声大震，前来探索水怪者络绎不绝。但水怪仿佛在与人们作怪，能看到它的人寥寥无几。

2004 年 6 月，两个村民在湖边休息时，突然间大风骤起，黑云堆集，湖中传来一阵巨大的响声。一个村民闻声看去，只见湖中掀起了阵阵巨浪，转瞬之间，湖面上突然钻出了一个奇怪的动物。惊慌失措之下，两个村民只看到怪物头长近 2 米，远远看去像条大蟒蛇。片刻之后，怪物便沉入了水中。

2005 年 8 月，有个本地画家在猎塔湖写生时，也看到了传说中的“水怪”：当时天气突变，狂风大作，他看到湖中出现了一个将近 20 米长的神秘怪兽，怪兽头上似乎还长有一个冠子，它在水中旋转翻腾，激起了阵阵大浪……

水怪形成的秘密

如此骇人听闻的水怪，究竟是如何形成的呢？

原来，猎塔湖中出现的水怪，其实是天气和地形原因共同造就的，它是一种奇特的天气现象。而这种天气现象的形成和出现，可谓是占据了“天时”和“地利”之便。

天时，指猎塔湖所在的地区天气十分复杂。猎塔湖的海拔高度为 4 300 ~4 700 米，这里是典型的高原高山气候，天气复杂多变，冰雹、大风、雨雪等天气现象随时都会发生，特别是夏季天气更是变幻无常：炎炎烈日一遮，大风四起，雨雪很快就会从天而降——复杂多变的天气，可以说是“水怪”现身的必要条件。

地利，指猎塔湖所处的地形环境十分独特。猎塔湖三面环山，且每一面山都有很深的沟壑，山头和沟壑均生长着茂密的森林。猎塔湖在三面山的环抱之下，就如一个婴孩安详地睡在襁褓之中。这样一个特殊的地理环境，为“水怪”的出现提供了客观条件。

白天，猎塔湖在炽热阳光的照射下，湖水表面温度渐渐升高，使靠近湖面的热空气不断上升，并与高处的冷空气相遇，冷暖空气一交汇，很快就形成了降雨降雪现象；而且由于下面温度高，上面温度低，大气层很不稳定，极易出现强烈的对流天气，使得空气呈现剧烈上升现象。

猎塔湖上之所以会出现旋风，这是由于西侧山谷中不断有横向风吹来，当这股横向风与湖面上的对流空气相遇时，就有可能使空气旋转起来。如果旋风较大，就会带动湖水转动，看起来就像一条巨大的鱼在游动。若湖面上出现的旋风不断增强，就会因为旋风中心气压减小而把湖水吸向空中，从而出现另一个奇观——水龙卷。

众多目击者看到的水怪各不相同，乃是因为当时的旋风强度不同：旋风较弱，目击者便只能看到湖面上出现旋涡，疑似水怪在湖底兴风作浪；如旋风较强，将湖水吸到空中形成水龙卷，目击者在当时的恐慌心理影响下，便会看到类似“蟒蛇”“恐龙”等十分惊恐的“水怪”了。

谈之色变魔三角

江西省境内的鄱阳湖碧波荡漾，浩瀚万顷，号称中国第一大淡水湖。从古至今，富饶的鄱阳湖不但养育了世代居息的湖边人，而且其优美旖旎的风光也使它声名远播，成为人人向往的旅游胜地。

不过，美丽富饶的鄱阳湖也潜藏着恐怖的危险：在一处被称为"魔三角"的水域，经常发生船毁人亡的惨剧，令人闻风丧胆，谈之色变。

恐怖的"魔三角"

这片令人恐怖的水域，位于鄱阳湖西北的老爷庙附近，新中国成立前，这里便屡屡发生沉船惨剧。

1945 年 4 月 16 日，日本一艘叫"神户丸"的运输船进入鄱阳湖航行。这艘船加上其载重的货物一共 2 000 多吨，当它行驶到老爷庙水域时，突然一下沉入湖底，无声无息消失了，船上的 200 余人无人生还。为了查明沉船真相，一个叫山下堤昭的日本海军军官带人前去侦察。他和水手们穿上潜水服下到湖中，大约一个小时后，山下堤昭浮出了水面，而其他水手全都没能浮上来。他们去了哪里？尸体在何方？谁都说不清楚。而山下堤昭上岸脱下潜水服后，神情恐惧，一句话都说不出来，很快，他便精神失常了。

抗日战争胜利后，美国著名的潜水专家爱德华一行人来到鄱阳湖，准备打捞湖底的沉船。几个月后，爱德华他们不但一无所获，而且在一次下湖潜水后，除爱德华浮上水面外，几名美国潜水员也在这里神秘失踪。

新中国成立后，船只失踪事件仍频频发生：20 世纪 60 年代初，从松门山出发的一条渔船北去老爷庙，船行不远便消失了，倏然沉入湖底；1985 年 3 月，一艘载重 25 吨的船舶，清晨 6 点半在晨晖中沉没于老爷庙以南 3 千米处的浊浪中;1985 年 9 月,一艘运载竹木的机动船在老爷庙以北附近突然笛熄船沉,岸上行人目睹船手们抱着竹木狂呼救命,一个个逃到岸上后吓得魂不附体,不敢回头去望浊浪翻滚的湖面;2012 年,一艘日本船只来此搜宝,奇怪的是,一船的人都从湖中消失了,至今下落不明。

“魔三角”大猜想

那么,“魔三角”的失踪事故到底是怎么回事呢?20 世纪 70 年代中期的一天晚上,两个渔民在湖边打鱼时,突然发现空中有一块圆盘状的飞行物在慢慢滑行,持续几分钟后,飞行物突然一下加速,消失得无影无踪。此外,也有人在晚上看到过这样的情景:一个浑身发光的物体掉入湖水中,将湖面映得通红,半分钟后,发光物突然消失不见。根据这两起目击事件,有人猜测:“魔三角”的失踪事故很可能是外星人驾驶的“飞碟”降临到了老爷庙水域,它们像幽灵般在湖底活动,从而导致沉船不断。有人还大胆设想:老爷庙下面的湖底深处,很可能隐藏着一个外星人的飞碟基地。

揭开“魔三角”形成之谜

专家们调查后发现:老爷庙沉船事故多发生于每年春天的三四月,在这个时候,无论白天或夜晚,过往船只常面临被巨浪吞没的危险。

为解开谜团,专家们建立了专门的科研小组,并在“魔三角”地区设立了3座气象观测站,对该水域的气象要素进行为期一年的观测研究。从搜集到的20多万个原始气象数据分析,专家们发现老爷庙水域是鄱阳湖少有的一个大风区。全年平均两天中就有一天是大风日,其中最大风力达到了8级,风速可达每小时六七十千米,在鄱阳湖乃至江西省都居于首位。

老爷庙水域的大风是如何形成的呢?原来罪魁祸首竟然是与之相邻的庐山。

庐山海拔1 400多米,这也是一个风景秀丽的地方。它离鄱阳湖的平均距离仅5千米左右,而且山体走向与老爷庙北部的湖口水道几乎平行。由于山上的空气较冷,气流常因下沉而向山下流动形成风。当庐山东南峰峦的气流自北面南下,即刮北风时,大风便会呼啸着穿过老爷庙水域。在这里,老爷庙水域独特的地形条件起了关键作用：水域最宽处为 15 千米，最窄处仅有 3 千米，从而形成了湖面上的“瓶颈”水域，就如我们在空旷的地方没有感觉，而在狭窄的小巷却感到狂风劲吹一样。大风在这里形成了“狭管效应”，使得风力成倍增长，风速骤然加大，特别是大风到达宽度仅 3 千米的老爷庙处时，风速达到了最大值。在大风的狂吼下，平静的湖面瞬间波浪涛天，狂风巨浪使得过往船只防不胜防，经常被吹翻、打沉，从而酿成了一幕幕惨祸。

原来，造成“魔三角”沉船失踪事故的，既不是鬼怪，也不是“外星人”，而是由特殊地形引发的大风。

龙三角的秘密

在日本列岛与小笠原群岛之间，有一片形似三角区的广袤海域，自20世纪40年代以来，无数巨轮在这片清冷的海面上神秘失踪，不少飞机也在这里突然消失。人们将这片海域称为“最接近死亡的魔鬼海域”和“幽深的蓝色墓穴”，而当地渔民习惯称这个三角区海域为龙三角。

船只和飞机神秘失踪的原因是什么呢？

神秘失踪事件

龙三角最早的失踪事件发生在1928年。当年的2月28日，一艘名为“亚洲王子号”的6 000吨级美国轮船驶离纽约港，它穿过巴拿马运河后，进入浩瀚无边的太平洋，朝着日本群岛的方向驶去。一个星期后，一艘在日本龙三角海域附近航行的轮船，突然收到了“亚洲王子号”发出的呼救信号，不过，这个信号重复了几次就消失了，而“亚洲王子号”也不知去了何方，消失得无影无踪。驻夏威夷的美国海军动用了很多力量前去搜寻，但结果一无所获。

船只神秘失踪事件，在第二次世界大战中可以说达到了巅峰。因为龙三角海域是美国和日本争夺的海上要塞，双方在此投入了大量的作战潜艇，不幸的是，这些潜艇在此遭遇了可怕的噩梦：不少潜艇潜入海里后，便再也没能浮出来。战争结束后，美军方面统计：在龙三角海域执行任务或路经此处的美军潜艇中，有1/5因非战斗因素失踪，总数达52艘之多。而日军失踪的潜艇，估计也不会比美军少。

除了船只失事，飞机在这里也难逃厄运：1957年3月22日凌晨，一架美国货机从威克岛升空，准备前往东京国际机场。当天14时，飞机开始飞临龙三角海域上空，此时飞机上所有的设备都处于正常状态，而天空也很晴朗，飞行条件可谓非常完美。不过，2小时后，这架飞机却神秘失踪了，它永远没能降落到东京国际机场上。搜救队在方圆数千千米的海面上来回搜索，最终无功而返。这架飞机在龙三角海面上究竟发生了什么事情，直到今天依然无人知晓。

台风成怀疑对象

导致船只和飞机失事的原因是什么呢？难道在龙三角的海底下，隐藏着不为人知的秘密吗？

1957年4月19日，日本轮船"黄州丸"航行在龙三角的海面上。傍晚时分，突然两个飞行物从天而降，钻入离船不远的海水中，并在海面上激起了冲天巨浪。据水手们回忆，这两个飞行物直径约10米长，它们闪着银光，呈圆盘状。此外，还有船只在这一带海域发现了一种"闪闪发光的海底巨轮"：1967年3月，3艘货轮在龙三角航行时，船上的水手们都看到了一个泛着磷光的车轮状物体，它在水下高速运行，从旋转的中心辐射出闪烁金光……半年时间之内，人们总共6次观察到这一神秘的物体。

这些圆盘飞行物或巨轮是什么？难道是它们导致了失踪事件的发生吗？科学家们对此予以了否定，因为没有直接证据可以证明这两者之间有必然联系，而且最简单的一个事实是：如果圆盘飞行物或巨轮导致了船只失踪，那为何这些目击船只却安然无恙呢？

龙三角的失踪事件，会不会是台风干的好事呢？

台风生成于温暖的海面上，而龙三角海域的水流比较温暖，强大的台风经常在这片海域中酝酿生成。据统计，这里每年可以制造30起致命的风暴，可以说是名副其实的台风制造工厂。当海面上出现台风时，能引起猛烈的风暴潮，掀起几米甚至十几米高的巨浪。一些人认为，那些失事的船只和飞机正是遇到了台风，猛烈的风暴在瞬间使导航仪器全部失灵，从而使得飞机或船只神秘失踪。不过，这一说法也遭到了专家们的质疑，因为当今大型的现代化船舶完全可以抵御风暴的袭击，一场台风并不能击沉它，而且，在一些飞机或船只失事时，海面上的天气并不坏，并没有出现台风天气。

也有人提出了一种假设：船只失踪是磁偏角现象造成的。所谓磁偏角，是指由于地球上的南北磁极与地理上的南北极不重合而造成的自然现象，这种现象对航行确实有一定的影响。不过，磁偏角在地球上的任何一个地方都存在，并不是日本龙三角所特有，因此，这一说法也不能解释船只迷航和沉没的原因。

来自海底的解释

为了弄清龙三角失踪的真相，日本科学家把目光投向了深深的海洋底部。日本海洋科技中心为此向龙三角的海底投放了一些深海探测器。

这些探测器到达海底后，逐渐向人们展现了一个神秘的海底世界。科学家们发现:在日本龙三角西部的深海区,地壳显得非常薄弱,地底深处的火热岩浆随时都可能爆发,当它们从海底直冲而上时,如果附近海面正好有船只或飞机经过,很可能便逃不掉神秘失踪的厄运了。

此外,科学家们还提出了一种合理的解释,即当太平洋板块发生地震时,超声波到达海面表层,便会形成可怕的海啸。毁灭性的海啸刚开始在洋面上生成海浪时,只有不到1米的高度。这种在大洋中所发生的缓慢浪潮,往往不易被过往船只察觉,也很难引起人们的注意。但几十分钟之后,灾难降临了:海啸引发的海浪变成了巨浪,它们的速度可以达到每小时800千米以上,足以摧毁海面上任何坚固的船只。如果海啸发生时正好遇上台风,那么遇难船只别说自救,连呼救的时间可能都没有了。

不过,那些失踪的飞机又是怎么回事?目前仍是一个难解之谜。

苏格兰大漩涡

漩涡是因潮汐涨落或水下空洞而形成的一种现象,在视频游戏或海盗电影里,我们常常会看到这样的镜头:海面上出现巨大漩涡,瞬间将船只卷入海底,船上的人们全都不知所踪。现实之中,海上会不会出现这样可怕的漩涡呢?

回答是肯定的,在欧洲北部的苏格兰海岸附近,就有一个令人不寒而栗的大漩涡。

海上惊魂

19 世纪中期的一天,一艘轮船从冰岛驶向苏格兰。经过一段时间的航行后,大不列颠岛已经遥遥在望。由于这次航行十分顺利,海上没有遇到什么风浪,船长和水手们都十分高兴,大家站在甲板上,兴致勃勃地欣赏大海的风光。

轮船离海岸越来越近,不过,这时天气悄然发生了变化,天空中黑云密布,雷声隐隐,海面上风起浪涌,轮船在海浪的影响下,行驶速度明显慢了下来。“暴风雨要来了,加大马力,全速前进!”船长赶紧下达指令,发动机很快喷出阵阵黑烟,发出巨大轰鸣,轮船乘风破浪向前推进。

“不好,海面上有情况!”这时,负责瞭望的水手指着前方,惊恐地叫了起来。船长接过望远镜一看,不由大吃一惊:离此不远的海面上,出现了一个直径数十米的巨大漩涡,海水快速旋转,仿佛海底下有一只怪兽在搅动海水,如果轮船驶进漩涡,后果将不堪设想……船长来不及多想,冲到舵手身边,大声命令他立即转变航向。在舵手的紧急操纵下,轮船以一个近乎 90°的转弯,向左侧方向驶去,从而避开了这个可怕的漩涡。此时,船上的人们都惊出了一身冷汗。

此后，又有不少船只在苏格兰近海一带发现了这个大漩涡，其中一些船只不幸被漩涡打翻，船上的人员几乎没有生还。而这个夺命大漩涡也成了海上航行的一大恐怖之地，甚至有人将它称为“海上的墓地”。

摄制组的噩梦

苏格兰大漩涡逐渐传开后，很快引起了世界范围的关注，一些人专程来到这里，试图解开大漩涡的秘密，但大漩涡可遇而不可求，即使遇上了，面对如此恐怖的场景，谁也不敢下海去探索。

一个拍摄制作纪录片的团队听说后，也来到了苏格兰，他们经过了一番精心准备，不但配备了水下摄影机、潜水装备等，还租下了直升机和吨位较大的轮船，一旦大漩涡出现，摄制组将从空中和海上进行全方位拍摄，如果条件许可，他们还准备让胆大的摄影人员潜水下去拍摄，以解开这个漩涡的深度之谜。

功夫不负有心人，十多天的等待后，巡视的直升机终于发现了那个巨大的漩涡，只见海面上风起浪涌，海水像受惊的野兽般快速旋转，看上去令人恐惧。直升机上的摄影人员抓住机会，拍下了漩涡的珍贵画面，但随后赶来的轮船却不敢靠近漩涡：相隔很远，便能感受到漩涡的巨大威力，海里似乎有一股巨大的神力拽着轮船，把它朝漩涡里拖。舵手费了很大的力气，才使轮船摆脱了漩涡的纠缠。自然地，下海潜水拍摄更不可能实现了。

没有完成既定的拍摄计划，摄制组心有不甘，这时，有人想出了一个办法：让假人代替人下海，去探测漩涡的深度。于是，当大漩涡再次出现时，人们把一个带着深度测量仪器的假人，从直升机上直接扔进了漩涡里。一眨眼工夫，假人便被漩涡吞噬了。

当假人最终被找到时，大家发现：深度测量仪上显示的最深刻度接近200米，也就是说，大漩涡把假人卷到了近200米深的海水中！

揭开大漩涡形成之谜

苏格兰近海的这个大漩涡是如何形成的呢？

让咱们一起先来看看苏格兰所处的地理位置。苏格兰位于欧洲北部大不列颠岛的西北部,大不列颠岛原是欧洲大陆的一部分,远古时代,经过两次地壳运动之后,大不列颠岛地块脱离了欧洲大陆,向大西洋方向漂流,群岛和欧洲大陆之间因此陷落形成北海,而大不列颠岛也成为了孤立的岛屿。

苏格兰西北部,便是世界有名的苏格兰高地,这里有着雄伟壮美的自然风景:冰川时代留下的地貌、崎岖的山峦、精致的湖泊以及巨石覆盖的原野。由于近海岸一带便是高地,所以近海的海底不像一般的海底那样平缓,而是下切度很大,海水的深度自然也很深。也就是说,在近海的海岸下面,是一块很深的凹地——这样的地理构造,在海底潜流的冲击下,很容易使海水回旋上升而形成漩涡。

那么,海底潜流又是怎么形成的呢?

一般人提到英国,都会想到潮湿、多雨雾等字眼,实际上英国的气候也确实如此:由于地处大西洋上,又有湾流夹带大量水汽流经其周围海域,所以包括苏格兰在内的整个英国降雨概率都很高,全岛各地的年平均雨量都在1 000毫米以上。每年雨季来临时,近海有时还会形成风暴潮,而处于大不列颠岛西北部的苏格兰近海岸一带,恰好位于低气压中心的附近,大风日数更多。专家指出,当大风搅起海水,形成海浪向近海涌来时,如果这时刚好遇到涨潮,那么形成的潜流就会加速冲击海面下的凹地,使深层的海水反卷上来而形成漩涡。

可以说,正是特殊的天气和复杂的潮汐力,以及独特的地理构造铸就了这个不可思议的死亡漩涡。

天造地设

火焰山是怎么炼成的

神话小说《西游记》里,有一则唐僧师徒在火焰山遇阻的故事。小说描述火焰山“一片火海,烈焰腾空,鸟儿也难飞越过去”,后来,孙悟空千辛万苦借来芭蕉扇煽灭火焰,师徒四人才得以过山。现实中,真的有火焰山吗?

温度奇高的火焰山

小说里描写的火焰山,在现实世界中是真实存在的,它就是位于我国新疆吐鲁番盆地北缘的火焰山,古书称其为“赤石山”,维吾尔语称为“克孜勒塔格”(意思是“红山”)。

火焰山的山体全由红色砂岩构成,它东起鄯善县兰干流沙河,西止吐鲁番桃儿沟,全长 100 千米,最宽处达 10 千米。火焰山童山秃岭,寸草不生,漫山遍野一片赤红;地面上红沙漫漫,尘灰飞扬,常年高温形成的龟裂土地看上去触目惊心。尤其是盛夏季节来到火焰山,在烈日的照射下,地面上热气沸腾,焰云笼罩,赤褐色的山体反射着灼热的阳光,砂岩熠熠闪光,红艳如火,整座火焰山形如飞腾的火龙,十分壮观。

火焰山虽无《西游记》中描述的那般火热,但它的气温之高、炎热之烈却绝非寻常。吐鲁番盆地的气温之高在国内人尽皆知,令人望而生畏,而火焰山更胜一筹,它称得上是我国最热的地方了。据气象观测资料统计,夏季火焰山的最高气温可高达47.8 ℃,地表最高温度在70 ℃以上,这么高的温度,很快就能把一只埋在沙窝里的鸡蛋烤熟。当地人就经常把鸡蛋放在沙地里,一边晒日光浴,一边享受烤鸡蛋的美味呢。

不过,火焰山的高温来得快,去得也快。太阳落山后,大地就如熊熊燃烧的火炉一下熄灭了,气温随之剧烈下降。当地有这样的民谚:“早穿棉袄

午穿纱,守着火炉吃西瓜”,很形象地道出了火焰山地区的独特气候特点。

那么,火焰山是如何形成的?它为何炎热难当、酷暑逼人呢?

《西游记》里传说:当年孙悟空大闹天宫时,被二郎神捉住,但任凭刀砍雷劈,都不能伤孙悟空一根毫毛,后来太上老君把孙悟空投入八卦炉中煅烧,希望用炉中真火把他烧成灰末。岂料几十天后,孙悟空不但没有被烧死,反而练就了一双火眼金睛。他从炉中冲出来后,一脚踢翻了太上老君的八卦炉,并一路打上灵霄宝殿,将整个天宫再次闹得天翻地覆。孙悟空大闹天宫不打紧,打紧的是人间也跟着他的打闹遭了殃:炉中炭火被打翻后,落入了我国吐鲁番地区,炙热的火炭在崇山峻岭间熊熊燃烧,成了举世闻名的火焰山。

除了上述神话,在当地还有一个民间传说:吐鲁番地区原是一个十分富饶的鱼米之乡,人们勤劳耕种,过着衣食无忧的生活。然而有一天,一只火龙窜到这里,经常骚扰百姓。它一来到,就会使森林着火,庄稼被烧,人们忍无可忍,一致推举当地的一个神箭手去射杀火龙。神箭手与火龙展开追逐大战,经过七七四十九天,用了九九八十一支神箭,才将火龙双眼射瞎。瞎

眼火龙坠入地下后，很快就化成了一座熊熊燃烧的大山。这就是今天的火焰山。

传说当然不足信，那么，火焰山形成的真正原因是什么呢？

地理地形造就火焰山

其实火焰山的形成经历了漫长的地质岁月，它跨越了侏罗纪、白垩纪和第三纪几个地质年代，在经过了上亿年的风蚀、沙化、雨浸，特别是在长期的高温干旱侵袭后，才形成了今天的地貌格局。

火焰山之所以异常酷热，与其所处的地理地形条件密不可分。首先，吐鲁番盆地是我国海拔最低的地区，其中某些地方海拔甚至低于海平面，而其四周高山环绕，高大的山体阻挡了气流的进出。白天，在没有气流下沉的情况下，该地区空气流通不畅，特别是火焰山一带经常处于无风或风力微弱状态，因而热量无法散失；其次，吐鲁番盆地是典型内陆气候，干燥少雨，天气晴好，太阳照射时间长，再加上地面植被稀疏，地层表面多为易吸热的砂石层，因而，该地区在太阳的炽烈照射下，升温很快，温度明显高于其他地区。

再加上火焰山山体通红，更给人的心理上增加了炎热之感。

火焰山上虽然高温难耐，寸草不生，生命在此难以存活，但令人们没有想到的是：在这“燃烧”的地底下，却有着丰富的地下水资源。而火焰山的山体，就像是一条天然的地下水库的大坝。正是它的存在，使得地下水库的水被囤积起来，养活了附近几个地区的生命，特别是距火焰山不远的葡萄沟，这里更是景色秀丽，别有洞天：一进沟口，铺绿叠翠，茂密的葡萄田漫山遍谷，溪流、渠水、泉滴，给沟谷增添了无限诗情画意，沟里还有桑、桃、杏、苹果、石榴、梨、无花果、核桃和各种西瓜、甜瓜，以及榆、杨、柳、槐等多种树木，使得葡萄沟成了远近闻名的“百花园”、“百果园”。

这座养活众多生命的大水库是如何形成的呢？原来，在离火焰山较远的地方，有一座座冰雪覆盖的大山，这些雪山上的冰雪融化后渗入地下，并顺着戈壁砾石一路流淌，当这些地下水流到火焰山地底下时，遭遇到了火焰山的阻挡，因为构成火焰山的山体十分厚密，不易被水渗透，于是地下水在这里被囤积了起来。随着水位逐渐抬升，地下水慢慢溢出地面，在山体北缘形成了一个潜水溢出带。在这里，甘爽清凉的泉水多处流出地面，滋润了鄯善、连木沁、苏巴什等数块绿洲，从而也造就了这一带的生命。

光怪陆离羚羊谷

形状怪异的峡谷内,光线在各种平滑、卷曲的红色岩石上穿行跳跃,周围的一切似乎都在旋转。红砂岩石梦幻般的色彩、优美的线条、精细的纹理……来到这里,你仿佛进入了一个传说中的万花筒,又好似来到了一个与地球迥异的外星世界。

这里曾经是羚羊遮风避雨的极乐世界,也是光线制造的魔幻天堂。这个峡谷,就是位于美国亚利桑那州的羚羊谷。

进入迷宫的牧羊女

1931 年夏季的一天,美国亚利桑那州佩奇镇附近的山坡上,一名叫秀瑞的 12 岁小姑娘正放牧着羊群。

“咩咩”,这天羊儿叫唤着,不停向远处跑去。秀瑞挥舞着放羊鞭子跟在后面,跑了一个多小时后,地面上的青草渐渐多了起来,羊儿们才停住脚步,大口大口地吃起草来。

这个地方虽然离镇子不远,但似乎从没人来过。秀瑞喘着粗气,好奇地打量起这个陌生的地方:一座山丘上,裸露的岩石和土壤呈现出红黄绿色,看上去五彩斑斓,十分好看;色彩各异的岩石如同夹心饼干般层次分明,显得神秘而诡异。在澄净的蓝天白云下,彩虹般绚烂的地面,让她有一种梦幻般的感觉。

“这个地方真好玩。”秀瑞放下鞭子,捡起一块彩色石头玩了起来。

不知不觉中太阳偏西,该赶着羊儿回家了。秀瑞清点羊群,忽然发现少了两只羊。

“它们会跑到哪里去了呢?”秀瑞着急起来。她一边“咩咩”学着羊叫,一边在山丘边寻找。

顺着羊蹄印，秀瑞来到了一个峡谷入口。这是一个狭窄的入口，探头往里看，只见里面的红色岩石一层层卷曲起来，谷里幽深、宁静，充满了神秘气息。

她大着胆子往里走去，越往峡谷深处，卷曲的岩石越多，里面的景色越不可思议。峡谷像一个巨大的迷宫，在五颜六色的光线衬托下，让人情不自禁地感到眩晕。秀瑞不敢多待，赶紧顺着原路走了出来。

这个神秘的峡谷就这样被发现了。人们进去勘探发现，峡谷里五颜六色的光，完全是自然光通过岩石缝隙射入洞内形成的。因为光线时刻在变化，一年四季，甚至每天不同时间、不同角度看到的色彩都不相同：夏天峡谷里的光线偏橘红色，而冬天偏蓝紫色。

因为这个峡谷是当地的一种叉角羚羊的栖息处，而且峡谷里也时常有羚羊漫步，人们给它起名叫“羚羊谷”。

峡谷里的光影魔术

羚羊谷名声大噪后，不少游人来到这里，领略光怪陆离的峡谷风光。

羚羊谷虽然大名鼎鼎，但它的入口处却十分“低调”，远远看上去，只是山岩间一条很窄很细的裂缝。进入峡谷后，你的眼睛就会应接不暇。峡谷全长约 150 米，岩壁高约 20 米。地面上是松软的红沙，脚踏上去，像踩在柔软的红地毯上一般。两侧的岩壁合拢来，将头顶上的天空挤成了窄窄一线，有的地方天空甚至不见了。光线从岩壁的窄缝中钻进来，在峡谷里尽情地玩弄起光影魔术来。在婆娑的光影中，你如果从地上捧起一束红沙洒向空中，在光线的照射下，它们闪闪烁烁，飘然而下，形成一道道奇幻的图案，让人惊叹不已。羚羊谷最美的时刻是正午，此时太阳光线如探照灯般垂直射入谷中，被岩壁多次折射，由明到暗，由深到浅，峡谷里层次分明，色彩斑斓，掀起了一层层光的波浪，又像是盛开了一朵朵艳丽的石花，令人仿佛置身外星世界一般。

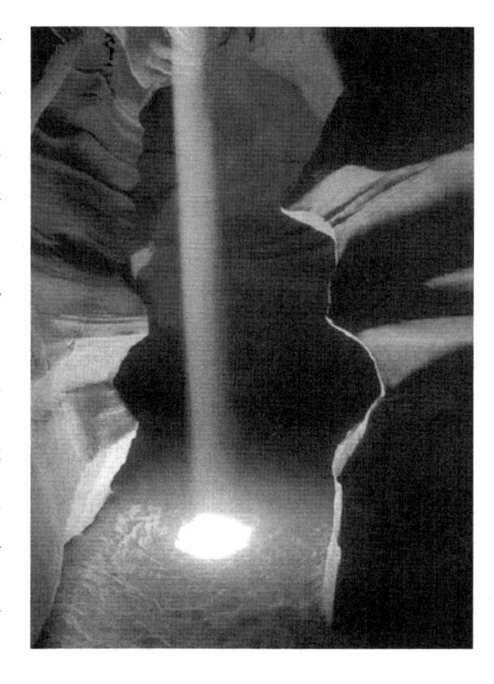

峡谷里的岩壁十分独特，它们扭曲翻腾，并且呈现出各种各样的红色：有的红艳如火，有的粉红如霞，有的淡红素雅……每一块岩壁表面都有清晰的条纹，而且都像水洗过一般平滑。光线在这些岩壁上跃动，从各个不同的角度，看到的景致都不尽相同。在峡谷的一个开阔处，你还会看到一个奇异的景致，这就是“天堂之光”：一束太阳光从峡谷顶端的岩缝中倾泻下来，像手电的光柱一般，直直地打在地面上，形成一块明显的光斑，光晕映亮了附近的地面和石壁；周围怪石狰狞，或明或暗，看上去显得神秘而怪异。这束阳光和峡谷内的岩壁，形成了梦幻般的景致，让人情不自禁地想起电影《人鬼情未了》里的男主人公被天堂之光召唤，和女主人公最后吻别的感人画面。

羚羊谷是世界上最狭窄的岩缝型峡谷之一，游完整个峡谷，你可能会问：这个神奇的地方是如何形成的呢？

奇幻世界的形成

1997 年 8 月 12 日，峡谷地区飘起了零星小雨，十二名外地游客在没有导游引导的情况下，擅自进入了峡谷之中。

“轰轰轰轰”，正当大家兴致勃勃游玩的时候，峡谷里突然响起了雷鸣般的声音。“不好，有情况！”正当游客们准备撤退时，一股猛烈的洪水已经冲进了峡谷之中。人们来不及呼救，便被汹涌的洪水卷走了。最后，只有一位 28 岁的游客因为被卡在岩架上而侥幸获救。

峡谷地区并没有下暴雨，洪水从何而来呢？原来，当天在峡谷上游 10 英里的地方下了一场暴雨，在短短的几十分钟内，雨水便形成山洪直冲而下，从而酿成了这场悲剧。

据科学家考察，暴雨形成的山洪虽然可怕，但它却是羚羊谷形成的重要原因。在干旱的荒山地区，暴雨一旦发生，形成的山洪力量十分惊人。洪水在吸水性很差的干硬地面上奔涌，如果地表稍有裂隙，湍急的水流就会携带一路冲下的砂石不断冲刷。日久天长，就能形成不可思议的地貌奇观。

构成羚羊谷的岩壁，是一种较柔软的红色砂岩，它们在洪水的冲刷下，会逐渐被蚀空。而羚羊谷地区在季风季节里，经常会因暴雨而形成山洪。当峡谷雏形形成后，这些山洪经常冲入其中。由于里面十分狭窄，山洪流速很快，因此垂直侵蚀力也相对变大，日积月累，便形成了羚羊峡谷底部的长长走廊。而经过洪水的长期“打磨”，这些谷壁也变得坚硬光滑，并且形成了如同流水般的边缘。除了暴雨山洪，风对峡谷的形成也助了一臂之力：大风在窄窄的峡谷里横冲直撞，不停侵蚀着红色的岩石，帮助洪水将峡谷打造成功。

可以说，没有山洪，就不可能有这么美的峡谷出现。不过，到羚羊谷游玩，你一定要关注天气预报，并且不能擅自行动。

不可思议斑点湖

在加拿大最西部的不列颠哥伦比亚省奥索尤斯地区,有一个神秘的湖泊,一年四季湖水的颜色会不断变化,无论什么时候都能看到漂亮的色斑,尤其是6月至9月中旬,这个湖泊还会呈现出众多诡异的圆圈,仿佛长颈鹿身上的斑点,它也因此得名为“斑点湖”。

这个湖泊为何如此神秘?湖中的“斑点”又是怎么形成的呢?

长满斑点的湖泊

如果夏天来到不列颠哥伦比亚省的奥索尤斯,当你乘坐直升机或热气球从空中鸟瞰时,将会看到令人不可思议的奇特景象:景色秀美的大地上有一个湖泊,与其他湖泊不同的是,湖里有许多大大小小的圆圈。从空中俯视,只见圆圈像一个个斑点,组成了十分奇怪的图像,密密麻麻的斑点既像长颈鹿身上的图案,又有点像老海龟背上的花纹。

这个湖泊，就是久负盛名的斑点湖，在四周青山的环抱之中，它像一个婴儿安静地躺卧在摇篮之中。走近斑点湖，你还会发现它与众不同的地方：湖水泛着白沫，显得十分浑浊，湖中的水深浅不一，白色的塘泥把整个湖泊划分成一个个圆圆的浅池。远远看去，这些浅池就像一个个飘浮在湖面上的岛屿。“小岛”面积最大的有篮球场般大小，最小的只有几平方米。尤其令人惊奇的是，各个浅池中水的颜色都不尽相同，有的灰白，有的深绿，有的浅黄，有的湛蓝，有的青黄相间，有的黄绿夹杂……看上去十分神奇。

为什么每个浅池中水的颜色各不相同呢？原来，这个湖泊之中的水之所以呈现出漂亮的深浅蓝、绿等奇特颜色，是因为它包含了镁硫酸盐、钙和钠硫酸盐，且含量是世界上最高的，此外，还含有 8 种其他矿物质和 4 种微量金属。当浅池中水的矿物质含量不同时，呈现出的颜色也就各不相同了。

一般情况下，只有 6 月至 9 月中旬来到这里，才能看到湖上的这些圆圈，其他的时间湖水比较充盈，将一个个“斑点”连接起来，形成了一个大湖，就只能隐约看到湖里漂亮的色斑。

神奇湖水会治病

斑点湖虽然如梦如幻，但湖水的水质却不敢恭维，湖面上飘着一层白花花的“脏”东西，让人一看便有些倒胃口。

不过，到这里旅游的人们，几乎都会做同一件事情：换上泳衣，争先恐后地跑进湖里，把湖水和泥浆拼命往自己身上抹。湖里的水虽然不清澈，但却有独特的治病疗效，湖面上那层白花花的“脏”东西，其实是一些矿物质。这些矿物质，可是治疗疼痛和疾病的上好药物哩。

对早期的部落来说，斑点湖是神圣的，因为它可以治愈多种疾病，像疣、皮肤病、战伤和腰痛什么的。这里的人们世代都用这种具有医疗功效的湖水和泥浆来治疗疾病、减轻病痛。据说近代这个地区曾发生过一次起义，义军与政府军大战了几天，虽然将政府军打得落花流水，但义军也伤亡惨重，由于缺少药物治疗，很多受伤的战士痛苦不堪。一天，一个受伤的战士无意间将伤腿伸到湖水里，没想到疼痛顿时缓解了许多，几天后，他的腿伤竟然不治而愈了。大家纷纷效仿，于是伤员们大多都得到了康复。

斑点湖里的矿物质不但能疗伤，而且还能制造炸药哩。第一次世界大战期间，这个湖曾经被征占，工人们利用湖里开采的矿物质，制造出了威力巨大的炸药。这些炸药源源不断地运往欧洲，在战场上起到了强大的杀伤作用。当然，现在的斑点湖早已不再是杀人的帮凶了，它成了一个旅游胜地，且是治疗皮肤病的“良医”。

斑点湖是如何形成的

斑点湖里的那些神奇“斑点”是如何形成的？为什么只有6月至9月中旬来到这里，才能看到这些美丽的斑点呢？

原来，斑点湖的形成，与这里独特的气候条件密不可分。奥索尤斯地区是加拿大最热的地区之一，夏天这里的气温可以达到38 ℃以上，而且天空云量很少，每天的日照时间很长。在炎炎烈日的蒸烤下，斑点湖表面的水分蒸发很快。在湖水大量蒸发的同时，夏天这里的降雨却很少，有时一个月都很难下一场透雨，因此，湖里的水量经常不能得到及时补充，基本上只有出而没有进。

除了灼热的阳光“吞噬”湖水外，还有一个厉害的角色也在加速湖水蒸发。这个厉害角色，就是这里夏天夜晚的风。

在白天阳光的照射下，斑点湖所在地区气温较高，但一到夜间，气温便迅速下降，再加上湖泊四周群山环抱，四周山上的空气冷却后，便向山下流动而形成风。我们知道，风对湖水的蒸发影响很大。因此，斑点湖白天被太阳烘烤，晚上受夜风吹拂，在风吹日晒的不停蒸发下，湖水会迅速减少，从而使得水里富含的矿物质结晶出来，形成了许多镶白色边界线的浅池，这便是我们看到的一个个圆圈。目前来说，人们只在加拿大发现了斑点湖，因为它十分奇特，所以还被网友列为全球最像外星的九个奇景胜地之一呢。

这里的炎热气候不但造就了世界独一无二的斑点湖，还特别适合葡萄生长。在斑点湖所在的山区，许多田地里栽满了葡萄，一串串紫色葡萄沉甸甸地垂吊在架上，令人垂涎欲滴。甜美的葡萄、美味的葡萄酒，以及斑点湖独特的风光吸引了大批退休老人，因而整个奥索尤斯居民的平均年龄达到了 59 岁，老人们在这里自得其乐，过着舒适安静的生活。

幽灵湖神出鬼没

传说中的幽灵十分诡异,它时而出现,时而消失,踪迹难觅,但在现实中,有一个湖泊也像幽灵一般神出鬼没,令人倍感惊讶。

这个湖泊,就是位于澳大利亚中部的艾尔湖。

一个幽灵湖泊

1832年夏季的一天,一支由地质专家组成的勘探队穿越澳大利亚中部的红色沙漠,历经千辛万苦来到了这里。他们在重重沙丘的包围中,偶然发现了一个盆地。这是一个干涸的小盆地,上面覆盖着一层盐。“沙漠里怎么会有盐呢?”专家们感到十分奇怪,但谁也无法弄清这个问题。

时隔8年之后的1840年,一个叫爱德华·约翰·埃尔的欧洲探险家穿越沙漠也来到了这里,出现在眼前的景象令他振奋不已:在茫茫沙海之中,一个碧波荡漾的大湖闪着银光,倒映着蓝天白云,美不胜收。“这个沙漠里的湖泊真是太美了!”爱德华十分兴奋,他马上用自己的名字“埃尔”给湖取了名字,从此,“埃尔湖”(习惯上音译为“艾尔湖”)正式得名,并经过

爱德华的传播逐渐被外人所知。

1860年，一支勘探队也来到这里，发现了这个神奇的大湖，经过水质测定，认定这是一个含盐量极高的咸水湖。由于准备不足，再加上行程急促，勘探队未能测出湖的面积，只能遗憾地原路返回了。第二年，队员们经过充分准备后，携带测量工具再次踏上了沙漠征程，他们打算测出湖的面积，并将它在地图上标示出来。然而，队员们再次来到这里时，却发现湖已经不见了，去年水波荡漾的地方变成了一片干涸的盐碱地。

三年"失踪"一次

每隔三年左右，艾尔湖便会"失踪"一次，它仿佛是在和人们玩"捉迷藏"：当它消失时，湖盆干涸，湖底只剩下一层泛白的盐花；而当它出现时，湖水荡漾，碧波翻卷，景象十分美丽。

据说平均每一百年，艾尔湖才有两次完全被水充满的机会，此时，它的湖面面积达到了令人难以置信的8200平方千米——如果按其最大面积来算，它是大洋洲最大的湖泊。即使按照平均面积计算，艾尔湖也算得上是世界第19大湖。当湖水丰盈时，湖中的水不再是咸水，它成了可以直接饮用的淡水。这个时候是艾尔湖生命的全盛时期：湖水中鱼儿游弋，湖面上不时有鸟儿掠过，周围的沙丘似乎也充满了生机。不过，这样的美好时期总是很短暂，随着湖水消失，湖泊又成了一个可怕的盐场。

关于艾尔湖的成因，当地有一个传说：很久很久以前，这片沙漠的颜色并不是红色的，它和其他沙漠一样呈现黄颜色。一天傍晚，一位叫艾尔的女神在给天上的晚霞涂抹颜料时，不慎打翻了红色的染料盘，那些红色染料掉到人间，恰好落到了这片沙漠里，于是整个沙漠变成红彤彤的了。而女神艾尔也受到天帝严厉处罚，变成了沙漠南部的一个湖泊，这就是艾尔盐湖。当女神艾尔伤心落泪时，湖水便会填满整个湖泊，而当她安眠休息时，湖水便会消失不见。

艾尔湖形成之谜

艾尔湖形成的真正原因到底是什么呢?

原来,艾尔湖不是常年湖,而是一个时令湖。时令湖,即在某个时令才出现的湖,时令湖的水源主要来自于河水和雨水,而艾尔湖也不例外。不过,沙漠里的降水极其稀少,艾尔湖及附近地区属于干旱沙漠气候,这里的年平均降水量不到120毫米——这点雨下到地面上,很快就会被沙漠吸干。光靠天上降雨,是根本不可能形成湖泊的。

秘密来自于艾尔湖的地理位置。原来艾尔湖是澳大利亚大陆海拔最低的地方,它的湖面比海平面还低15米。我们都知道:水往低处流,虽然艾尔湖所在的沙漠地区降水很少,但当雨季来临时,季风总会携带大量水汽,在沙漠外面下起铺天盖地的暴雨。雨水落到地面上形成大大小小的河流,它们浩浩荡荡,长途奔袭,穿越广阔的沙漠,最后流到艾尔湖所在的湖盆中囤积起来,形成了一个不可思议的大湖。而湖的面积,主要取决于河流水量的大小:河水注入得越多,湖面积就越大;河水注入少,则湖的面积就小。

有时候,艾尔湖会分成南北两个湖,两湖之间由狭窄的戈伊德水道通联,北埃尔湖144千米长,65千米宽;南埃尔湖65千米长,约24千米宽。

为何时常“失踪”

每年雨季,艾尔湖在远方泛滥的河水中新生,然而,雨季结束后,它又开始玩起了“失踪”。艾尔湖时常“失踪”的原因何在呢?

答案就是,这里有着极端的炎热和干旱气候。艾尔湖所在的沙漠是一个令人望而生畏的恐怖地带。这里不但降水量少得可怜,而且气温极高,特别是夏季,强烈的阳光照耀着红艳如火的沙子,使得沙漠里更是炎热无比,气温常常可以达到38 ℃。灼热的阳光和超高的气温,使得这里的蒸发量达到了2 500毫米,从而使湖里的水一天比一天少。在湖水被大量蒸发的同时，由于雨季结束，注入艾尔湖的河流水量也越来越少了。而且这些河流在沙漠里流动时，也同样受到烈日的炙烤和沙漠的吞噬，一路上因蒸发和渗漏损失很大，往往在半路上就消失不见了——没有了河水补充，等待艾尔湖的命运只有一个：那就是被炎热和干旱一点一点地“吞掉”，变成一个不毛之地。

为了改变澳大利亚中部的干燥气候，科学家们正努力想缚住艾尔湖这个“幽灵”。利用艾尔湖比海平面低的特点，他们提出一个设想：开凿一条运河，把附近的海湾和艾尔湖联系起来，让海水自动流向艾尔湖。

如果这个设想变成现实，那么艾尔湖便永远都不会“失踪”了。

解密“人间地狱”

这里是地狱的入口，也是令人谈虎色变的死亡谷，它曾经吞噬了不少淘金者的生命，让很多人对这里心生畏惧。不过，这里又是其他动物的极乐世界，飞禽走兽在这里“安居乐业”，悠然自得。

这里，还出现过一夜鲜花开满荒漠，以及石头自己“走路”等奇异的现象。这个地方，便是位于美国加利福尼亚州与内华达州相毗连的一个峡谷，除了“地狱入口”“死亡谷”等名称外，它还有“死火山口”“干骨谷”和“葬礼山”等不祥的别称。

可怕的“人间地狱”

1849年冬天，加利福尼亚州与内华达州相毗连的峡谷之中，出现了一群踉踉跄跄行走的人。他们蓬头垢面，饥饿、寒冷和疲惫像三座大山，重重地压在这些贸然闯入者的身上。

这群人是前往金山的淘金者。为了尽快赶到金山，他们做出了冒险进入峡谷的决定，因为这样可以节省三分之一左右的路程。

峡谷里荒无人烟，静寂得令人可怕。呼啸的寒风在谷内回荡，寒冷像瘟疫一般，让人浑身颤抖，虚弱无力。进入峡谷后的第三天，这些可怜的淘金者便知道自己的决定是多么的愚蠢。

夜里，一股更强大的寒流降临了。猛烈的北风掀翻了人们的帐篷，鹅毛般的大雪从天而降，人们在风雪之中无助地挣扎着，哭喊着……在零下几十摄氏度的严寒中，一个又一个淘金者倒下了。

一路行进，淘金者的数量越来越少。数天之后，极度虚弱的幸存者终于走出了这个可怕的峡谷。回头望望这个魔鬼般的地方，他们不无伤心地说了句:“再见了,死亡谷!”

这个令人谈虎色变的“人间地狱”,峡谷全长225千米,宽6~26千米不等,面积达1 400多平方千米。峡谷两侧悬崖重重,山岩壁立,地势陡峭险峻。这里的气候环境极其恶劣,不仅寒冷逼人,有时候,它还是北美洲最炽热、最干燥的地区。峡谷里几乎常年不下一滴雨,曾有过连续六个多星期气温超过40 ℃的纪录。不过,峡谷里偶尔也会下倾盆大雨,这时炽热的地方便会冲起滚滚泥流,人一旦遭遇,便会面临生命危险。

动植物的极乐世界

这个峡谷虽然是人间地狱,但却是其他动物和植物的极乐世界。科学家考察发现,峡谷的“常住居民”包括200多种鸟类、10多种蛇、7种蜥蜴,此外,还有小狐狸、大角山羊、野驴、老鹰和黄莺等动物出没。它们在谷内“安居乐业”,或飞、或爬、或跑、或卧,生活悠然自得,逍遥自在——时至今日,谁也弄不清这条峡谷为何对人类如此凶残，而对动物却如此仁慈！

不过，这些动物的活动时间，大多“安排”在日出前或是傍晚时分，因为这两个时间段温度较低，方便它们活动。

除了天上飞的，地上跑的，这里的沼泽之中，还生活着水里游的——一种罕见的沙漠小鱼。由于蒸发量十分惊人，所以这里的沼泽水含盐量是海水的好几倍，但这种长约1寸的沙漠小鱼适应干燥气候、咸水和恶劣环境的能力十分惊人，它们可以在比海水多出6倍盐分的沼泽水中快乐地生活。春天来临时，沙漠小鱼还会到3千米以外的盐溪产卵，繁育它们的小宝宝。

除了动物，植物们也能在峡谷的滚滚黄沙中一展生命的芬芳。夏季，峡谷里有时会降下短暂的骤雨。甘霖洒下，谷地里的野花和植物得到滋润，就会倏地开遍整个峡谷。2005年3月，“人间地狱”便出现了一幕罕见的奇观：几乎一夜之间，原本荒凉、空旷的山谷便成了一个花的海洋，紫色、粉红色、白色的野花点缀在山腰，看上去五彩缤纷、姹紫嫣红，而谷底则布满了一种金黄色的野花，像是铺上了金黄色的地毯。

为什么会出现这种景象呢？原来，这些金黄色的野花平常生活在沙漠之中，它们的种子外面覆盖着一层厚厚的硬壳。这些种子可以在地下冬眠长达数十年，当湿度、阳光和温度都适合时，种子就会迅速生根发芽，在地面疯长并很快开出美丽的花儿。2004 年的冬天，暴风雪给这片沙漠带来了相当于平常 3 倍的降水，促使野花的种子发芽生长。繁花遍野的美丽景象一直持续到当年 7 月，随着气温升高，滚滚热浪重新笼罩荒漠，峡谷里的野花才逐渐凋谢，“人间地狱”又恢复了满目荒凉的景象。

会自己“走路”的石头

什么，石头会自己走路？

没错，在“人间地狱”一块名为“跑道干湖”的干涸湖床上，每隔两三年，人们就会发现有岩石移动的痕迹。会“走路”的石头很大，很重，它们以直线形式穿越平坦的山谷，到达湖床的中央。据科学家观测，这些石头一年能移动超过 350 码（约 320 米）的距离。

这些石头是如何“走”到湖床中央去的呢？20 世纪 90 年代，美国科学家约翰·雷德曾带领一组人尝试着去解释这种现象。他们发现这些石头边缘形状怪异，每块重约 300 千克，如果要将它们抬到 320 米远的地方，必须付出巨大的努力，而且会在地上留下搬动的痕迹。再说，在这个人迹罕至的地方，不可能有人来搬运它们。

排除了人为因素，科学家们在考察地形时发现，这里的海拔低于海平面约 86 米，是西半球的最低点。这个大型干盐湖地势十分平坦，地貌接近完美水平，之所以如此，是因为大雨后，湖床经过泥流、干涸和龟裂过程。在这样平整的地上用力推动石头，因地面摩擦力相对较小，用不了多大的力气，它们就会在地面上移动起来。不过，推动石头的动力来自哪里呢？

进一步考察，雷德他们发现这个地区有时会刮起大风，特别是夜晚的风速有时会达到145千米/时。多风的原因，是因为夜里四周山上的气流因温度降低，下沉到山谷形成对流运动。但是，仅凭大风，显然无法推动300千克的大石。经过多日的考察，大家又发现了一个现象：每当气温剧降的夜晚，这里沙漠表层的湿黏土会结出一层极薄的冰层，岩石嵌入了夜晚在沙土表面形成的冰层后，随着泥土的溶解，就会随着冰与风移动，从而滑行起来。

不过，人们对雷德他们的解释尚存许多疑问，会“走路”的石头仍是一个疑团。

诡异冰球大集结

数百个大冰球躺在岸边,看上去像一块块白色的大石包,给人一种神秘诡异之感。这些冰球从何而来?它们为何在这里集结?有人说这是上帝的杰作,有人说是湖怪作祟,甚至有人说是外星人在搞怪。

到底是怎么回事呢?让咱们一起去冰球的发现地——美国密歇根州西北部的湖岸边去探索这些冰球的前世今身吧。

诡异神秘的冰球

这些巨大的冰球,是密歇根州一名叫莱达·奥姆斯特德的妇女发现的。奥姆斯特德养了一条小型英国牛头犬,每天她都会带着自己心爱的宠物出去散步。2003 年 2 月 21 日这一天,奥姆斯特德带着牛头犬,走进了密歇根州西北部的睡熊沙丘公园。睡熊沙丘公园濒临密歇根湖,公园内景色旖旎,是远近居民休闲散步的最佳去处。

奥姆斯特德和牛头犬沿着湖岸风景区往前走,此时仍是冬天,湖上漂浮着一些残冰,岸边仍有不少积雪,奥姆斯特德一边走一边欣赏湖岸的美丽风光,而牛头犬却像个顽皮的孩子在岸边奔跑。很快,奥姆斯特德和牛头犬来到了一处人迹罕至的湖滩。突然,跑在前面的牛头犬停下来,像发现新大陆般大叫起来。“噢,那是什么呀?”奥姆斯特德走上前,她一眼便看到了沙滩的那些又圆又白的大家伙。

冰球大约有 100 多个,它们排列在 30 多米长的沙滩上,有些冰球完全纯白,而有的里面混杂了沙土,显得有些灰暗;每个冰球都和牛头犬一般高,奥姆斯特德试着用手抱了抱,发现冰球们都很重,估计每个冰球的重量有 34 公斤左右。“这真是太酷了!”从未见过冰球的奥姆斯特德显得异常兴奋,她赶紧取出随身携带的相机,拍下了这些神秘诡异的大家伙。

关于冰球的几种猜测

奥姆斯特德回去后,当天便在 Facebook 上发表了这些冰球的照片,她在图片说明里这样写道:“我认为这件事简直太酷了,我从来没见过这样的情况发生。”为了说明冰球的大小,她还把狗和冰球作了一番比较:“我养了一条小型的英国牛头犬,而它们(这些冰块)和狗一样高。它们简直是巨型!”

这些令人惊叹的照片很快引起了人们的好奇。冰球从哪里来?是如何形成的?为此,大家竞相猜测,众说纷纭。

“天啊,这绝对是上帝的杰作!”有人看到冰球照片后,认为这是上帝一手制造的,因为这些冰球看起来神奇无比,除了万能的上帝外,人世间没有什么力量能够制造出这样神奇的东西。

有人则认为这些冰球是外星人搞的怪:外星人在造访密歇根湖后,为了留下他们的足迹,也为了给人类开个玩笑,于是他们利用湖边的冰雪捏造了这些巨大的冰球。

还有人认为这些冰球很可能是密歇根湖里的怪物制造的。密歇根湖水域总面积达 57 757 平方千米,平均水深 84 米,其中最深处达 281 米——这么深的湖泊,里面一定隐藏着不为人知的湖怪。它们趁夜深人静之时爬到岸边玩耍,从而留下了这些神秘的冰球。

此外,还有人把冰球和俄罗斯天体坠落事件联系起来,认为冰球的出现与陨石之间有一定的关系。2013 年 2 月 15 日中午,一颗陨石穿越地球大气层时摩擦燃烧，发生爆炸产生大量碎片，坠落在俄罗斯车里雅宾斯克州。因为陨石一般都呈圆形，与冰球的形状类似，于是有人认为这些冰球很可能与天体坠落事件有关。

浮冰翻滚形成冰球

那么，这些巨大的冰球到底是怎么形成的呢？

睡熊沙丘公园的护林员经过一番仔细考察，认为这些冰球可能就来自密歇根湖。他认为：湖面上的浮冰破碎后，一些冰块会在水中翻滚，并被磨成冰球，最后冲到岸边并被奥姆斯特德和她的牛头犬发现。

这种说法似乎有一定的道理，因为2013年初开始，包括密歇根州在内的美国北部频频遭到寒潮袭击，在滚滚寒流肆虐下，许多地方天寒地冻，暴雪狂降，特别是2月8日至9日，一场暴风雪袭击美国东北部，部分地区积雪超过60厘米，广袤的密歇根湖也被冰雪所覆盖。后来，随着气温慢慢回升，湖面的冰块逐渐消融、破碎，一些较大的冰块在湖水的运动下，相互碰撞摩擦，并被打磨成了圆而光滑的冰球，在湖水的冲击下，这些冰块最终被冲到岸边。

不过，过去密歇根湖也曾被冰雪覆盖，为何却一直没有出现过冰球？还有，既然奥姆斯特德发现的冰球是湖中浮冰打磨而成，那么为何只有这一处地方有冰球呢？因为冰球们不会那么听话，只被冲到一个地方来。

看来，冰球大集结仍是一个令人费解的谜团。到底真相如何，暂时谁也无法解释清楚。

花仙子弄错季节

日常生活中,我们常常会说到“春花秋月”这个词语,它形象地说明了大自然的一般规律,即花儿大都是在春季开放。不过,在气候变化的影响下,本该春季盛开的花儿也会弄错季节。

不信,咱们一起去了解一番。

秋天盛开的梨花

成千上万朵雪白的梨花绽放枝头,微风拂来,花瓣如雨般纷纷洒落——2006 年 9 月 20 日,人们在广元苍溪县城郊的一座梨园里,看到了这样的一幕奇异景象。置身其间,恍惚季节又回到了万紫千红的春天。据广元当地果树专家介绍,一个月前,梨园内的两株梨树便开始开花,最初梨花只有几朵,后来花越开越多,渐渐整株梨树都挂满了洁白娇艳的花儿,而离这两株奇特的梨树不远处,则是一片挂满了黄澄澄梨子的梨树林。秋果与春花同在一个季节出现,不能不令人叹为观止。

无独有偶,当年人们在遂宁市安居区常理乡大洞村,也见到了上万株梨花竞相绽放的景象。2006 年 9 月 26 日,一场累计达 75 毫米的大雨之后,常理乡黄金梨基地原本干裂的土地变得十分湿润,经过了大旱考验的黄金梨树一派生机盎然,这时有人惊奇地发现:有的梨树枝头不可思议地绽放出了雪白的花儿,有的枝头上花蕾含苞欲放,非常喜人。数天后,梨树接二连三地相继开花，成片成片的梨花十分耀眼，而梨树下的土地上，却铺满了干枯的梨树叶。

花仙子为何弄错季节呢？原来，梨花反常盛开，完全是高温干旱在作祟。当年四川盆地自春至夏，连续出现了罕见的高温和干旱天气，特别是入伏后，更是出现了有气象记录以来最为严重的干旱。高温干旱使梨树一直处于旺盛的生长发育阶段。入秋后，气温虽然有所降低，但梨树仍然保持了蓬勃的生长力，不仅无法像正常年份休眠，反而如饥似渴地生长。而入秋后四川盆地频繁的降雨天气，更是为梨树的生长发育提供了足够的水分给养，于是往往在一场大雨之后，成千上万株梨树便出现了长新叶、开秋花的奇异现象。

桂花提前盛开

2000 年 8 月 7—8 日，一场大暴雨之后，四川西部的"雨城"雅安市出现了几十年难遇的罕见气象景观：几乎在一夜之间，市区万余株桂花竞相开放，繁花灿烂，奇香扑鼻，景象十分迷人。

桂花提前开放，引起了众多市民的好奇，经过气象专家一番解释，人们终于弄清了花仙子提前降临的原因。原来，2000 年雅安市气候十分异常，入夏后气温持续偏高，降水量不足常年同期的三分之一，8 月 7 日之前，市区还未有暴雨天气产生，堪称几十年少有的寡雨现象。8 月 7—8 日，受地面冷空气影响，当年的第一场暴雨终于喜降雨城。此次过程降水量达 130 多毫米，这使得饱受干旱之苦的万株桂花痛快淋漓地滋润了一番，并将花期悄然提前了一个月左右（往年花期大约在 9 月中旬前后）。8 日一大早，雨城人们惊喜地看到：金黄色、米白色的桂花绽满枝头,大街小巷花香浓郁,沁人心脾,为久旱逢甘霖的雨城增添了一方喜人的风景。据专家介绍,这种桂花花期提前的现象并不鲜见,但一夜暴雨后万树桂花同时绽放的景象却少有,这可能与雨城当年夏季特殊的异常气候有关。

梅花为何迟开

梅花,一种在冬季才盛开的鲜花。往年的深冬一到,梅花便争先恐后地绽开苞蕾,将浓郁的清香散放人间。但 2006 年冬季,成都、德阳等地的人们发现:冬天已经来临许久了,但梅花树却一反常态,迟迟不肯催蕊吐苞,这是什么原因呢?

2006 年 12 月底,成都市的蜡梅树枝叶纷披,树枝上挂满苞蕾,但盛开者寥寥无几,茂密的枝叶间,只能零星看到几朵淡淡盛开的花蕊。“往年这时候蜡梅早就开了,但今年不知是啥子原因,花开得这么少?”市民们百思不解。蜡梅尚且如此,花期更迟的红梅更是连苞蕾也很少见到。市区的多株红梅树上,花蕾又小又细,花苞尚在形成阶段。据了解,往年的 12 月初,成都市三圣乡、温江等周边地区的蜡梅便开始绽放花朵,陆续有花农将蜡梅运到城里叫卖,但 2006 年蜡梅的生长普遍“发育”不良,花期也比去年起码推迟了 10 天左右,少数开花的蜡梅香味也不太浓郁。由于数量少,梅花价格与往年同期相比偏高。一位花农介绍,往年每到 12 月中旬,就有花繁枝茂的蜡梅早早上市,但 2006 年蜡梅正常开花的时候却遇到了冬日“暖阳”,梅花们都推迟了开花时间。一位卖花的贩子说,每到元旦前夕,腊梅花都是市民钟爱的花卉品种,可从目前的状况来看,花期有可能继续推迟,天公不作美,干着急也没办法。那么,这一年梅花仙子为何姗姗来迟呢?

气象专家分析,造成梅花花期推迟主要有两方面的原因:首先,2006 年夏秋两季,四川的平均气温都比往年同期普遍偏高,特别是夏季,四川盆地普遍遭遇了百年不遇的高温酷暑考验。在这场特大旱灾中,许多地方出现

了土地干涸、叶片水分过度蒸发等现象，对植物形成了致命的打击，不耐旱的梅花也未能幸免。高温干旱使得梅花树普遍营养缺失，发育不良，从而影响了梅花的正常开花时期。其次，2006 年入冬后，四川盆地多暖阳天气，气温也比较高。俗话说“梅花香自苦寒来”，专家介绍，蜡梅的盛开，与气温的关系密切相关，“梅花仙子”喜欢的是严冬中的风雪和低温，气温越低，梅花开得越灿烂。但在融融冬阳的拂照下，梅花仙子“偷得浮生半日闲”，舒舒服服地睡起了安稳大觉，从而把催苞开花的大事忘到了九霄云外，使得梅花“养在深闺人未识”了。